陪孩子走过
生命中重要的
前三年

玫瑶◎著

0~1岁
育儿干货

台海出版社

图书在版编目（CIP）数据

陪孩子走过生命中重要的前三年.0～1岁育儿干货/玫瑶著.－－北京：台海出版社，2022.3
 ISBN 978-7-5168-3217-2

Ⅰ.①陪… Ⅱ.①玫… Ⅲ.①婴儿心理学 Ⅳ.
①B844.11

中国版本图书馆 CIP 数据核字（2022）第 011252 号

陪孩子走过生命中重要的前三年.0～1岁育儿干货

著　　者：玫　瑶	
出 版 人：蔡　旭	封面设计：异一设计
责任编辑：魏　敏　高惠娟	

出版发行：台海出版社
地　　址：北京市东城区景山东街 20 号　邮政编码：100009
电　　话：010 - 64041652（发行，邮购）
传　　真：010 - 84045799（总编室）
网　　址：www.taimeng.org.cn/thcbs/default.htm
E－mail：thcbs@126.com

经　　销：全国各地新华书店
印　　刷：三河市嘉科万达彩色印刷有限公司

本书如有破损、缺页、装订错误，请与本社联系调换

开　　本：880 毫米 ×1230 毫米　1/32	
字　　数：263 千字	印　　张：13.75
版　　次：2022 年 3 月第 1 版	印　　次：2022 年 4 月第 1 次印刷
书　　号：ISBN 978-7-5168-3217-2	

定　　价：69.80 元（全 2 册）

版权所有　翻印必究

推荐语

知名媒体

都说养娃的头三年最难,除了要保障孩子的健康成长外,很多时候我们完全搞不懂这些人类幼崽在想什么,有什么需求,以至于分分钟被娃搞得抓狂。玫瑶老师的这本书很好地结合了育儿的理论知识和实战经验,让我们更清晰地了解孩子的成长规律,发现孩子的需求,和孩子共同成长。强烈推荐给每一位父母。

——大力 丁香妈妈主编

在养育孩子的前三年,有玫瑶老师的这本书陪伴,是非常幸福的。育儿先育己,玫瑶老师用十余年的从业经历,从母亲的视角出发,呈现出一份科学又不失温情的养育指南,帮助我们更好地陪孩子走过生命中重要的前三年。

——Vivian 知乎亲子运营负责人

当父母的前三年,是特别容易焦虑和手忙脚乱的。面对几乎一天一个样的人类幼崽,摸不着头脑是大多数父母的常态,此外,父母还需要适应新的家庭关系。玫瑶老师的这本书,涵盖了父母养育0~3岁幼儿的棘手问题,并且给出了深入浅出的分析和解决方法,是新手父母的得力好帮手!

——林乙乙　果壳童学馆主编

玫瑶用了情景再现的方式,让家长身临其境,学习如何用更好的方式育儿。跟随孩子,父母可以得到再一次成长,这本书是建立良好亲子关系的指南书!

——Elva　《时尚育儿》杂志资深编辑

教育大咖

我认识玫瑶已有十余年了,很高兴看到她这些年的积累和成长。她将早期教育和蒙台梭利幼儿教育思想进行了多元的融合,并且深入到许多家庭中去实践,非常精彩!衷心希望玫瑶和她的书籍,能给更多的父母带来养育孩子的信心和力量!

——钟佩菁　金宝贝中国区高级学术总监

0~3岁的家庭教育决定着孩子未来发展的可能,这本书以儿童发展的基本规律为线索,涵盖家长们最关心的问题。不仅为家长解决棘手的育儿困惑提供思路,也为创造蒙氏家庭环境提供了可实操的方法。

——高玄晔　资深蒙台梭利培训师,心智蒙台梭利教师教育项目（MMTEP）项目主任

从事蒙台梭利教师培训和管理的工作已有十余年,我每天都会见到各式各样的家长和孩子。许多孩子的"问题行为",追本溯源还是

要回归到 0~3 岁的家庭教育之中。无论是托育的教育工作者,还是父母,我都强烈推荐你们读一读这本书,相信会让你们从新的视角重新审视育儿方式。

——周春良 美国蒙台梭利协会(AMS)深圳中心负责人,
深圳国际蒙台梭利教育儿童中心校长

看着玫瑶老师这本书的文字和图片,如同有导师在现场手把手亲切地指导。本书给予教养者科学的育儿理念,更提出可实践的育儿方法,供教养者思考、选择。玫瑶将蒙氏教育理念融入 0~3 岁家庭教育之中,解决了父母常见的育儿困惑。这本书实用并且有场景感,即使没有蒙氏基础的家长也可以轻松上手!极力推荐!

——孙淑真 (台湾)近 30 年蒙台梭利教育工作者和培训师,
2015 年美国蒙台梭利协会(AMS)教育贡献奖获得者

医生、博士

我们永远无法成为完美的父母。不完美的行动,胜于完美的不作为,边做边学才会更好。用对方法,孩子的成长将更快乐。爱孩子,如其所是,而非如我所愿。玫瑶老师的这本书提供了实用、可操作的育儿方法,还能让父母学会高质量的育儿陪伴!

——符艳蓉 (Dr. 喵)"靛蓝之家"体验式儿保创始人,
儿科学博士,发育行为儿科医生

家长的陪伴方式不仅能影响孩子的人格,更决定了孩子的未来。

玫瑶老师的新书给父母们提供了一把钥匙，用朴实无华的语言"破译"了许多高深的专业教育理论，像讲述故事一般，帮助家长真正学会读懂幼儿，用科学的方式协助孩子健康成长！

——宋春蕾　广东早期教育研究会国际课程专业委员会主任，教育学博士

教育机构创始人

父母用什么样的心态和方法育儿，对孩子的一生有着重大而深远的影响。玫瑶老师这本书，结合了丰富的观察案例、扎实的实践经验及场景式的生活教育，相信可以给困惑中的父母点起一盏明灯！

—— 朱凌　小马快跑儿童成长中心 CEO

这是一本"干货"满满的育儿好书，更难能可贵的是，它通俗易懂，即使是零基础的家长也能快速轻松掌握！

——钟广能　BeneBaby 国际学院创始人

前 言

女儿1岁半的时候，我带她去儿童公园玩。因为到达的时间太晚，摩天轮的项目已经停止售票了。女儿伤心地哇哇大哭起来，怎么安抚都不管用。突然，她在路边看到了一只缓缓爬行的蜗牛，于是停止了哭泣，认真地观察起来。随着蜗牛背着沉沉的壳爬进了树丛，女儿破涕为笑，先前的阴霾也一扫而空。

孩子的到来，会改变我们对生活的态度和看法。他就像一面镜子，让我们看到儿时的自己也像这样天真地哭和笑，我们也曾如此真诚、纯粹地爱着这个美好的世界。他提醒我们，要用心去感受这个世界，大自然里的一草一木都可以让我们得到疗愈。

育儿不是父母一个人的独角戏，它更像一支弗拉门戈舞，需要父母和孩子互相配合。即使是一个只会用哭声表达的小婴儿，如果我们每一次帮助孩子换尿不湿时，都和他亲切对话，提前告知我们将要对他做的事情，如："我要把你的腿抬起来，把尿布垫在下面啦！"时间久了，你会惊喜地发现，眼前这个小婴儿竟然可以配合我们，主动把脚抬起来，让我们顺利地完成换尿布的动作。

和孩子一起做事情，而非替他做事情。在这一来一回的配合中，我们逐渐放慢自己的脚步，观察孩子，回应他们真正的需求。在观察孩子的基础上，我们要调整家庭的环境，方便孩子和我们更好地一起做事情。我们会给他们提供适合他们年龄段的玩具，辅助他们心智的成长。

眼前的这个小人儿，虽总是保持着索取的姿态，却在不知不觉中填补了我们心里的空缺。育儿是父母和孩子双向获得，它引导我们重新感受爱和丰盛，成为一个更柔软、更真实的人。

这本书完稿大概花费了我一两年的时间。回想自己十余年在家庭教育和儿童教育的工作中遇到的孩子和父母，许多美好的画面历历在目。我在系统地学习国际蒙台梭利课程的那两三年里，非常幸运地得到了能进入几位 0~3 岁儿童的家庭里持续跟踪、观察孩子的机会。

那是一段特别的时光，超过 300 个小时近距离观察这些家庭，让我有机会将以前在早教中心获得的工作经验、自己的育儿心得与儿童发展测评、蒙台梭利教学法、皮克勒教育法以及 RIE 教育理念实践在这些家庭中。

也正是因为进入越来越多的家庭里，我看到了父母对孩子的爱，同时也看到了他们很多的困惑和焦虑。

孩子什么时候开始学翻身？

是不是该教孩子学坐？

要不要和孩子说"宝宝语"？

怎样让孩子如厕更加顺利？

孩子上幼儿园产生分离焦虑该怎么办?

孩子打人或被打了怎么办?

孩子注意力不集中怎么办?

……

绝大多数的父母都是在懵懂中摸索着育儿的道路,生怕错过孩子成长路上的点点滴滴。但若父母用错了方法,不但不会起到好的作用,反而会阻碍孩子的发展。

我时常想,如果我可以写一本书,分享简单实用的育儿小技巧,解答父母常见的育儿困惑,避免他们踩不必要的坑,那么在育儿的道路上父母一定可以更加从容不迫,甚至可以享受育儿过程中带来的亲密关系的滋养。

于是我便写了这本书,希望它除了能带给你们实用的技巧与方法外,还能传递信念与力量。育儿不仅仅是付出和给予,让我们放慢脚步,和孩子共同成长,我们也会感受到其中的美妙。

扫码关注【玫瑶老师】,回复关键词"前三年",领取书籍配套育儿工具包。不定期与大家分享 0~6 岁的亲子养育和父母成长话题,希望我能成为您亲子路上的陪伴者和支持者。

或许，我们无法改变基因，
或许，我们无法控制遗传的变数，
然而，从受孕开始，
特别是小生命的前几年，
我们可以选择照顾孩子的方式，
以及和他们互动的方法，
来帮助孩子的学习与发展。

——西尔瓦娜·夸特罗奇·蒙塔纳罗

 0~2个月，建立起最初的安全感

从妈妈的子宫来到另外一个完全陌生的世界，宝宝需要更多熟悉的"孕期参照点"。在这个章节里，我们会解读新生儿的惊跳和吸吮反射，使用EASY日记预测宝宝的作息，创建温馨、好用的家庭照料区，让新手父母也能轻松读懂"婴语"。婴儿抱枕、新生儿吊饰和多感官的抓握玩具，会帮助孩子平静而专注地观察这个有趣的新世界，建立起生命最初的安全感。

第一节 4个问题，破解哭闹、惊跳、抱睡背后的秘密

必须抱着才肯睡，宝宝是缺乏安全感吗？ / 2

宝宝只会哭，我怎么读懂他？ / 10

一点声音就惊醒，宝宝是看到"脏东西"了吗？ / 18

一直要吃奶，宝宝是没吃饱吗？ / 24

第二节 6个锦囊，培养专注、平静而好奇的宝宝

新生儿吊饰——培养专注、平静而好奇的宝宝 / 29

和宝宝说话、唱歌——通过外界的回应建立信任 / 37

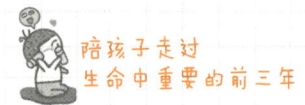

婴儿抱枕——让宝宝找到孕期参照点，感觉更安全舒适 / 42

蒙氏抓握玩具——有多感官体验的宝宝更聪明 / 46

温馨的洗澡和换尿布——提前预告动作，传递有温度的手 / 53

布尿布——尿不湿外的另一种选择 / 60

第三节 这些"坑"，不要踩

婴儿手套，包起的不仅是宝宝的手，还有探索的心 / 65

安抚奶嘴，用还是不用？ / 69

所谓的"哄睡神器"，不仅无益，使用不当还有害 / 73

 3～5个月，发现自己的手，有目的地和世界互动

宝宝开始发现自己的手，并将小手放入口中探索。这不仅让他感觉放松，还能促进他和周围环境的互动。这个章节，我们会提到如何有效解决宝宝厌奶，了解宝宝爬行等成长发育的关键变化，怎样运用"镜子地板时间"、C字（M）字形袋鼠背带法，进阶版的多感官吊饰和"多环相扣"，帮助孩子成为更积极、更快乐的探索型宝宝。

第一节 4个问题，解读宝宝成长变化的关键期

竖着抱还是横着抱？——父母照料方式不同，宝宝自信心发展大不同 / 76

宝宝先学坐还是先学爬？——每个孩子都有自己的发展进度表 / 81

宝宝突然不吃奶了?——烦人的"厌奶期",孩子需要暂停一下 / 87

要不要制止宝宝吃手?——发现自己的手,自我认知和口欲期的新探索 / 94

第二节 8个技巧,培养愉悦而主动的宝宝

"地板时间"和镜子——从了解自己到了解世界 / 99

家庭日用品篮——每一个物品都有一个名称 / 103

进阶版吊饰——提供手、眼、足三者协调合作的最初经验 / 106

小小的背巾——让孩子变身"袋鼠宝宝"看世界 / 110

婴儿健身架——看、踢、抓样样精通 / 114

飘荡的小泡泡——锻炼视觉追踪和手眼协调的欢乐神器 / 116

宝宝小乐器——听觉训练和音乐启蒙的开始 / 119

"多环相扣"、带有小球的圆柱体——被动的玩具,培养主动的孩子 / 123

第三节 这些"坑",不要踩

避免使用学坐椅 / 127

宝宝不会被"宠坏" / 132

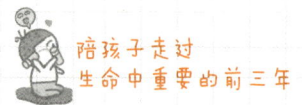

第三章 6～12个月，从自主探索中收获自信心和掌控感

随着孩子的爬行技巧越来越纯熟，他们开始扶站、扶走、独立学步，宝宝正式进入了自主探索的黄金塑造期。在本章节，大家能了解"前语言期"的四大启蒙原则可以为宝宝奠定语言基础，"BLW自主进食法"让宝宝成为不挑食的"小吃货"！"物体恒存盒"能帮助孩子顺利过渡"陌生人焦虑"，"一横一竖"的蒙氏活动空间，让宝宝探索时更自信。

第一节 破解宝宝的迷惑行为，这样带娃更轻松

宝宝开始认生了——"陌生人焦虑"不是洪水猛兽 / 136

宝宝真的可以自己吃辅食吗？——BLW自主进食法，让宝宝成为"小吃货" / 141

开始扔东西——正确引导，了解事物的因果关系 / 146

需要给孩子报早教班吗？——早期教育不是超前教育 / 152

要不要和孩子说"宝宝语"？——正确的语言启蒙，宝宝会照单全收 / 159

第二节 8个锦囊，有掌控感的宝宝更自信

开放式的小矮柜和活动空间——让宝宝有自主学习的"地板时间" / 165

"一竖一横"——看，我是这么站起来的 / 170

加重的小推车——我开始学走路了 / 174

一把椅子——学习自己换衣物 / 176

自制蒙氏"物体恒存盒"——间接理解"看不见妈妈,不代表妈妈消失" / 178

自制蒙氏玩具"开和关"——好奇宝宝更有自信和掌控感 / 182

坐上爸爸妈妈的"小飞机"——亲子感统体验 / 184

放进去和拿出来——我的小手真能干 / 186

第三节 这些"坑",不要踩

学步车,并不能帮助宝宝学步 / 190

让宝宝自己走 / 193

弹跳椅不是"放电神器",用多了可能还有害 / 196

第一章

0～2个月，建立起最初的安全感

  从妈妈的子宫来到另外一个完全陌生的世界，宝宝需要更多熟悉的"孕期参照点"。在这个章节里，我们会解读新生儿的惊跳和吸吮反射，使用 EASY 日记预测宝宝的作息，创建温馨、好用的家庭照料区，让新手父母也能轻松读懂"婴语"。婴儿抱枕、新生儿吊饰和多感官的抓握玩具，会帮助孩子平静而专注地观察这个有趣的新世界，建立起生命最初的安全感。

第一节　4个问题，破解哭闹、惊跳、抱睡背后的秘密

必须抱着才肯睡，宝宝是缺乏安全感吗？

看见 + 懂得 + 陪伴，是比爱更重要的事情。

> **小测试**
> 宝宝总是"放下就哭，落地就醒"，这是为什么？
> A. 宝宝缺乏安全感。
> B. 父母或者照料者经常抱着宝宝入睡，使其养成了习惯。

我们抱着宝宝，好不容易把他哄睡着了，想把他放下，但只要一碰床，宝宝就睁眼开启号啕大哭的抗议模式。父母只得把他重新抱起来，宝宝这才停止了哭泣。宝宝必须要抱着才肯睡，这是缺乏安全感的表现吗？

第一章
0～2个月，建立起最初的安全感

1. 放下就哭，落地就醒，宝宝"求抱抱"有两个原因

（1）宝宝在寻找孕期时安全感的参照点

孕期 18 周的时候，宝宝就在听我们说话的声音、环境的声音，当然还有妈妈的心跳声。孩子出生后，当我们说话的声音、环境的声音重新出现时，就可以让宝宝找到孕期时熟悉的参照点。尤其是孩子在妈妈的怀里时，可以再一次听到那熟悉的心跳声，这些都会让孩子感觉更舒适、更安全。

（2）宝宝在寻找出生后新环境的安全感

著名心理学家埃里克森曾提出人类的八个阶段发展理论，其中婴儿期（0～1.5岁）的孩子其发展核心任务是：解决"基本信任和不信任的心理冲突"。也就是说，照顾新生儿不仅要让其吃饱睡好，助其建立起对世界的信任感同样是非常关键的任务。

爸爸妈妈及时回应宝宝的哭泣，可以帮助孩子建立起对世界的信任，让他感觉这个世界是美好的，是可以被信任的。

这种信任感的生成在宝宝人格发展中会起到非常重要的作用——对世界有信任感的孩子，才能开始认知自我，并与周围的人、事、物产生积极的连接。

无论什么时候，我们都应该积极回应宝宝的情绪和需求，但是如果每次宝宝都只能被抱着才能入睡，那么问题也随之而来——宝宝缺少自主入睡的经验，缺少在新环境里自我调适的

能力。

有些宝宝甚至在早期就形成了许多不良的入睡习惯,比如必须要抱着才肯睡、必须要吮着奶头才能睡、必须要在小车里被晃着才肯睡等。

2. 抱睡≠建立安全感,背后的四大隐患需注意

目前并没有任何研究可以直接证明"抱睡"可以建立宝宝的安全感,但值得注意的是,抱睡、搂着新生儿一起睡觉的背后隐藏着许多隐患。

①搂着宝宝睡时,大人的胳膊和被褥容易捂着宝宝,增加婴儿患婴儿猝死综合征的概率。

②宝宝经常被抱着睡,久而久之很容易养成"不抱不睡"的习惯。

③抱着睡时宝宝睡得不深,容易惊醒,同时也会影响宝宝和父母的睡眠质量。

④宝宝在大人怀里时身体无法舒展,尤其是四肢的活动受限,不利于宝宝的生长发育。

如果我们可以帮助宝宝在早期就建立起健康的睡眠习惯,那么也就是间接在帮助他们发展正确与新环境互动、学习自我独立入睡的能力。

作为父母,我们应该在宝宝哭泣的时候积极回应他们的情绪,但是回应宝宝的方式有许多种,除了抱睡外,我们也应该让孩子有适当在床上学习自我入睡的经验。

3. 建构内在的安全感，宝宝自我入睡的"SRL 法则"

熟悉的环境、熟悉的照料人、熟悉的声音，甚至熟悉的味道都可以帮助孩子建立稳定的感觉，这种可预知的状态会给孩子带来内在的安全感，帮助宝宝信任和适应环境，安稳地自我入睡。

怎样帮助孩子安稳地入睡？我总结为"SRL 法则"，包括以下三个步骤。

（1）关注宝宝的"睡眠信号"

当宝宝有困意时，会发出自己的睡眠信号，如：揉眼睛、抓头发、不停啃手、手乱挥舞、抓脸、双眼无神、尖叫等。

如果没有关注到宝宝的睡眠信号，等孩子玩到筋疲力尽再哄睡，那么宝宝就容易哭闹和闹情绪，自主入睡的难度会飙升。

因此当我们观察到宝宝发出了睡眠信号时，就应把他带到房间里，拉上窗帘，调暗灯光，创造一个相对安静、熟悉的睡眠环境。抓住好的入睡时机，是帮助宝宝安稳入睡的先决条件。

（2）建立起睡眠和床的"意识关联"

孩子发出了睡眠信号，我们就可以把他放在床上。让孩子

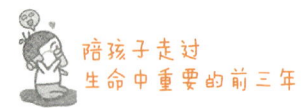

逐渐发展出"困了—想睡觉—在床上"这样的睡眠关联。

在宝宝清醒的时候,我们要陪在孩子的旁边,靠着孩子,并轻轻拍拍他。尤其是妈妈,当她靠着宝宝时,宝宝能听到熟悉的心跳声、呼吸声,以及闻到妈妈的味道,这些都会帮助宝宝找到孕期时的参照点,让宝宝感觉放松,加快进入睡眠模式。

我们需要在孩子清醒的时候就将他放在床上,而不是等其完全睡着了再放。这个道理和我们成人的睡眠模式相同。想象一下,你在床上睡着了,若睁开眼睛发现是在另外一个地方,不是刚才入睡的环境,是不是会突然吓一跳?

在宝宝入睡之前,让他提前熟悉睡眠环境。就算宝宝中途醒了,熟悉的环境也会为"接觉"提供很大的可能性。

(3)哄睡强度由强到弱,阶梯式过渡

我们需要相信宝宝,相信他们可以发展出自我入睡的能力,他们只不过是需要一些时间适应新环境。如果我们总抱着孩子睡,宝宝慢慢就养成了习惯,后期想要调整就很难了。

如果你的孩子现在已经养成了奶睡、车睡、抱睡的习惯,根据哄睡的强度我们可以采取逐步调整的策略。

哄睡强度由强到弱，自主入睡能力由弱到强

阶梯式过渡入睡法		
阶梯	具体对应方法	完成情况
阶梯1：奶睡、车睡	需要含着乳头睡，或者必须在摇晃着的婴儿车里入睡的孩子，父母可慢慢调整为抱着哄睡，在宝宝迷糊但仍清醒的时候将其放到床上	
阶梯2：抱睡	需要抱睡的孩子，父母可慢慢调整为在孩子还清醒时将其放到床上拍一拍哄睡	
阶梯3：拍睡	逐渐减低拍的频率，改为将手放在宝宝的身上将其哄睡	
阶梯4：陪睡	手离开宝宝，躺或坐在床边，陪着其入睡	
阶梯5：自主入睡	宝宝逐渐学会自己在床上入睡	

运用好上述阶梯式过渡入睡法，你会神奇地发现，孩子在床上眨一会儿眼睛，自己就能安稳入睡了！在这个入睡过渡中，宝宝逐渐发展出适应能力，他可以安抚自己在新环境中平静并且放松下来。

他会产生一种信任：这个世界是安全、美好的，我的需求可以得到满足。爸爸妈妈会陪伴着我，回应我的需求。从他们的哄睡态度来看，我是一个被爱着的宝宝，我也可以做到自己入睡。

正确的哄睡态度，可以让孩子从对外在的信任中逐渐产生对自我的信任。

4. 安全感建立小贴士

孩子从对外在的信任中逐渐产生对自我的信任，这大概就是孩子获得了真正的安全感。在我看来，安全感是依靠重要的人际关系来获取慰藉的能力，也是孩子能充分表达自己情感和情绪的能力。

只有当孩子被温柔以待，被完全信任，并且父母给予他们空间和时间自我练习，适应新环境，这种内在安全感才能真正被建立起来。孩子才会相信，这个世界是美好的，而自己是一个有能力的人。

小贴士

0~2个月，宝宝安全感建立小贴士
☐ 宝宝被给予机会可以平静并专注地观察这个新世界
☐ 父母及照料人温柔而及时地回应宝宝发出的声音
☐ 让宝宝看到你的眼睛和嘴巴，对着他说话、唱歌、讲绘本
☐ 提前告知宝宝你将要做的事情，比如抱起（放下）宝宝前对他说：我要把你抱起来（放下来了）
☐ 尽可能地母乳喂养。喂奶时不看手机，不做其他事；如果是奶瓶喂养，尽可能在固定的位置上喂养，使孩子形成常规习惯
☐ 多进行抚触
☐ 把动作慢下来
☐ 使用跳舞式的沟通方式，和宝宝一来一回地"说话"

宝宝只会哭，我怎么读懂他？

0~2个月的宝宝，只能用啼哭来表达自己。宝宝啼哭，究竟是饿了、困了、尿了，还是哪里不舒服了？有没有摩斯密码，可以解读宝宝哭声的背后所代表的意义呢？

美国超级育婴师特蕾西·霍格通过研究观察5000多个婴儿，曾明确指出：童言婴语并非只是说话发声，咿呀学语的过程与尊重、倾听、观察和解释等行为密切相关。

如果我们愿意多花一些时间仔细观察孩子，就会发现孩子的每一种哭声所代表的意图各不相同。

啼哭的宝宝≠差劲的父母。如果我们能顺应孩子的天性，帮助孩子建立规律的作息习惯，让他们更加了解自己的需求，我们的养育就会变得更简单、更快乐。在这里，我向大家推荐使用EASY日记，父母可预测宝宝的作息节奏和规律，更好地读懂宝宝的语言。

1. 什么是EASY日记

EASY日记最早是由美国著名的超级育婴师特蕾西·霍格提出。她主张每一个婴儿的饮食、活动和睡眠都是有自己专属的规律的，如果我们将它们——记录，就可以预测出宝宝一天的作息节奏和规律循环，有利于我们更好地读懂宝宝啼哭的背后想表达的真正含义。

第一章
0～2个月，建立起最初的安全感

因为工作的原因，我曾经做过超过 500 个小时的婴幼儿家庭观察。我发现特蕾西的 EASY 日记适用于绝大多数的孩子，并且对新手父母有非常好的指导意义。

ESAY 日记具体需要记录的有四个方面。

ESAY 模式	具体记录内容
喂奶	记录宝宝吃奶的时间和间隔 使用乳头或奶瓶，需要 25～40 分钟的时间不等
活动	活动包括宝宝清醒时的娱乐活动和日常照顾 比如换尿布、穿衣服、洗澡、游戏等
睡眠	记录宝宝的睡眠信号、睡眠时间、睡眠状态 新生儿每天的睡眠时间平均约 16～20 个小时，每一段睡眠当中，浅睡眠和深睡眠的时间大约各占一半，每 2～4 个小时就要醒来吃奶
你自己	宝宝睡着后的时间就是你的自由支配时间啦！随着宝宝的成长，宝宝白天的小睡时间会增长，你会有更多的可支配时间

2. 如何使用 EASY 日记

规律的作息对宝宝来说非常重要，当宝宝可以预测接下来会发生什么事情时，他们更加容易被安抚。稳定的外在秩序感，还会促进宝宝内在安全感的形成，让他们感觉自己是安全

的、可以被满足的。

通过观察孩子并记录他的一天是如何度过的,我们能更加完整地了解他们。我们会发现他们吃、睡的规律,按需哺乳,配合他们的步调。我们还可以通过观察记录自己的感受,觉察自己的状态对孩子的影响,安排属于自己的时间。

我的 EASY 日记								
	时间	项目	时间	项目	时间	项目	时间	项目
E(喂奶)	07:00	起床喂奶。左侧10分钟,右侧10分钟	11:00	小觉醒来吃奶。左侧15分钟,右侧10分钟	15:00	小觉醒来吃奶。左侧15分钟,右侧10分钟	18:00	小觉醒来吃奶。左侧15分钟,右侧10分钟
A(活动)	07:30	换尿布、玩耍	11:30	换尿布(大便)、玩耍、晒太阳	15:30	换尿布。带宝宝去小区走走	18:30	换尿布(大便)、在垫子上玩
S(睡眠)	08:30	关注睡眠信号。9:00入睡	12:30	准备第2个小觉,13:00入睡	16:30	准备第3个小觉,17:00入睡	19:00	黄昏觉(35~45分钟)

续表

我的 EASY 日记								
	时间	项目	时间	项目	时间	项目	时间	项目
Y（自己）	09:00	宝宝睡了，我可以做自己的事	13:00	宝宝第2个小觉，我可以跟着睡一会儿。有点累	17:00	宝宝第2个小觉，我可以做自己的事情	19:30	自己吃晚饭，心情好

以上是一篇记录一个5个月孩子的EASY日记，左侧是需要记录的四大项目，右侧是具体时间和详细内容。

通过每日的记录，推测出早上9点左右孩子会有一次小睡。那么每当快9点时，孩子哭闹，大概率就是因为他有些犯困。这个时候如果我们提前带孩子到小床上，拍拍他，他很快就会入睡。

而如果缺乏观察记录，我们可能会认为孩子哭闹是因为饿了，马上把奶瓶放入其口中，这不利于孩子了解自己的需求以及发展自我入睡的能力。

当然，EASY日记不是一成不变的，我们可以根据自己的需求调整、增加记录的内容，如洗澡时间、玩耍的内容等。孩子成长的每个阶段都有其特点和规律，我们做好客观的观察记录，就容易找到孩子的作息规律，给予孩子真正需要的帮助。

3. 四大方面，破解"婴语"的摩斯密码

除了用 EASY 日记进行记录，我们还可以直接观察孩子的动作和聆听孩子的哭声，进行积极回应，主要包括进食和排泄、睡眠情况、活动情况和环境温度这四个方面。

（1）进食和排泄

饿了引起的哭声和动作

许多宝宝在饿的时候会舔嘴唇或者咂巴嘴巴，然后伸出舌头，扭头转向一边，并把拳头靠近嘴巴。宝宝的喉咙根部会发出几声类似咳嗽的声音，最开始比较急促，接着会发出哭声，这种哭声都非常有节奏。我们还可以通过前面记录的孩子进食时间表，推断孩子是否饿了。一般情况下，我们及时给孩子喂奶，孩子的需求被满足后就不会哭泣了。

排便引起的哭声和动作

有些孩子排便时会哭，而有些孩子则不会。但绝大多数的孩子排便时面部表情会变得很严肃，眉毛会皱起来，眼睛瞪得大大的，全身似乎都在用力。不到一会儿，我们会看到宝宝因为用力，导致眼睛发红甚至流眼泪。一般发生这种情况，父母不要做过度的干涉，等宝宝排便完成及时清理即可。

（2）睡眠情况

睡眠对婴儿大脑发育至关重要，越低龄的孩子需要的睡眠时间越多。美国睡眠医学会曾发布儿童最佳睡眠时间共识，推荐了孩子各年龄段的睡眠时间。

"美国国家睡眠基金会"睡眠时长标准

年龄	推荐	不推荐	
新生儿（0～3个月）	14～17小时	不足11小时	超过19小时
婴儿（4～11个月）	12～15小时	不足10小时	超过18小时
幼童（1～2岁）	11～14小时	不足9小时	超过16小时
学龄前儿童（3～5岁）	10～13小时	不足8小时	超过14小时
学龄儿童（6～13岁）	9～11小时	不足7小时	超过12小时
青少年（14～17岁）	8～10小时	不足7小时	超过11小时
青年人（18～25岁）	7～9小时	不足6小时	超过11小时
成年人（26～64岁）	7～9小时	不足6小时	超过10小时

而如果宝宝过度疲惫、过度兴奋，入睡也可能会更加困难。

过度疲劳引起的哭声和动作

孩子初级疲劳的时候，会发出睡眠信号，并躁动不安，做出眨眼睛、打哈欠等行为。如果不送孩子去床上休息，孩子会开始蹬腿、抓脸。这时孩子的哭声经常是几声短促、高昂的啼哭，然后一声长且刺耳的哭声（短—短—短—长）。如果我们抱起宝宝，他会把头和脸埋进我们的胸口。

结合EASY日记的记录，我们能判断出这是孩子要睡眠的准备时间。关注孩子的睡眠信号，就可以更好地回应孩子真正的需求，避免错判。

兴奋过度引起的哭声和动作

兴奋过度的哭泣声和过度疲劳的哭泣声很相似，不同的是，我们发现孩子会自动把脸别到一边去，试图远离那些逗他玩的大人。

（3）活动情况

孩子的生活需要"动态环境"，这和成人是一样的，如果一直待在一个房间，孩子很容易产生焦虑、抑郁的情绪。有时候孩子哭泣，只是因为他在房间待太久了，带他去阳台看看花草，或者去客厅走走，可以有效缓解焦虑，同时也能让孩子保持对环境的兴趣度。

"我需要抱抱"

当孩子试图发出这种信号时，他们起初发出的是，比较低、微弱短促，听起来像撒娇的啜泣声。他们的眼睛会四处张望，寻找父母的身影。一旦我们把宝宝抱起来，微弱的啜泣声就会停止。

宝宝需要换个环境

当孩子发出的声音是不耐烦的咕咕声，并开始玩弄自己的手指时，很多时候是孩子向我们传递：这里太无聊啦！我只能玩玩手指了！

而如果我们抱起孩子换了一个环境，宝宝却哭闹得更厉害了，那么十有八九就是宝宝累了，他需要小睡，休息片刻。

（4）环境温度

我们还要注意四季和室内的温度变化，匹配合适厚度的衣

第一章
0～2个月，建立起最初的安全感

物给孩子，体感太冷或太热都会让孩子感觉不舒服。当孩子感觉不舒服时，本能的沟通方式就是啼哭。

太热引起的哭声和动作

孩子因太热而发出的啼哭声是烦躁的，又持久又大声，还会伴随着热到喘气的声音。我们可以摸一摸孩子的脖子后侧，查看是不是湿的。再观察孩子的脸蛋，会比因其他原因哭闹时，显得更红。

这种情况下我们需要轻声和孩子说话，并减少其衣物，或者适当开空调（空调避免对着脸直吹），让孩子感觉舒适，停止哭泣。

太冷引起的哭声和动作

太冷引起的啼哭通常出现在给孩子换纸尿裤和洗完澡后。我们可以看到孩子打哆嗦，放声啼哭。细心的父母还会观察到宝宝的皮肤起鸡皮疙瘩，汗毛甚至竖起来。我们每次给宝宝换衣洗澡时，都需要考虑室内的温度，26摄氏度是比较适宜的温度，尤其是新生儿，环境要更温暖一些。

扫码关注【玫瑶老师】，回复关键词"前三年"，领取 EASY 日记电子版表格，一起记录孩子的作息习惯。

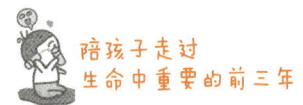

一点声音就惊醒，宝宝是看到"脏东西"了吗？

> **小观察**
>
> 睡得正香甜的宝宝，突然双臂伸直，手指张开，头部向后仰，全身挺直，就像突然受到了惊吓。宝宝短暂的挺直全身后，双臂又互抱在一起，有时还会放声大哭。
>
> 如果宝宝听到比较大的声音，或者感受到比较大的动作（如大人将他放到床上），他也会出现这样的情况。

"宝宝是被惊吓到了吗？"

"宝宝是不是缺乏安全感？"

"不会是看到什么'脏东西'了吧？"

"宝宝是不是身体缺乏什么微量元素？会不会影响大脑的发育？"

很多父母担忧宝宝受惊吓的情况，其实这只是宝宝的原始反射。孩子突然惊醒，属于新生儿期正常的惊跳反射，也叫作莫罗反射。

> **小贴士**
>
> 惊跳反射，是判断新生儿大脑神经感知是否正常的一个重要指标。

惊跳反射是指宝宝在受到突然的刺激（声音或者光线），或者无意识的情况下受到惊吓做出的动作。惊跳反射往往出现在宝宝刚睡下不久的浅睡眠期，即刚入睡 15～30 分钟，又或者是深浅睡眠交替的时候。

若父母仔细观察，就会发现如果宝宝入睡时得到了一定的安抚，待他睡得比较沉的时候（深睡眠期），基本上就不会出现惊跳反射了。

惊跳反射可以说是宝宝的一种生存本能。新生儿缺少自主动作的能力，只能通过哭声来表达自己。平时一点微不足道的事情都可以让新生儿陷入危险，比如缠绕在手指和脚趾上的线头、捂住口鼻的小毯子等。

当宝宝逐渐适应了新环境，自主动作也发展得越来越好，惊跳反射会在宝宝 4～5 个月时消失，但有一些孩子在 6 个月时才会完全消失。

1. 对待宝宝惊跳反射的三个误区

当宝宝出现惊跳反射时，父母的这三种行为不建议采纳。

（1）做事蹑手蹑脚，尽量不"惊"到宝宝

有些家长为了不惊醒睡着的宝宝，会小心翼翼地关门，不发出一点声音，说话时也把音量降到最低。其实这样的行为大可不必。宝宝只是需要多一些时间适应新环境，而不是我们制造环境去适应宝宝。

（2）马上抱起来哄

还有一些家长看到宝宝睡觉时发生惊跳反射，马上紧张地抱起宝宝在怀里安抚。其实这样做不仅干扰宝宝的睡眠，还不利于他发展自我安抚和"接觉"的能力。而且宝宝惊跳反射消失了后，可能还会养成必须要抱睡和拍着睡的习惯。

其实，宝宝睡觉时发生惊跳反射，我们只要轻轻地把手放在宝宝的胸前，给予宝宝一点安抚，他就会感觉到安全，并且进入睡眠的状态。

（3）给宝宝裹上紧紧的襁褓或"蜡烛包"

裹襁褓的方式有一段时间非常流行，运用小被子将宝宝全身裹起来，这样宝宝就不会因为惊跳反射时挥舞起来的手把自己弄醒了。有一些父母为了避免宝宝挣脱襁褓，甚至会用绳子将襁褓绑起来，就像一个"蜡烛包"。

运用这样的方式，不仅会破坏宝宝膝盖正常的弯曲状态，造成髋关节发育不良，甚至会造成髋关节脱位（脱臼）的情况。

我们裹襁褓的目的是让宝宝睡得更舒心，更有安全感。实际上，给予宝宝一个相对窄小点的睡眠空间，让其感觉到有触摸的界限，他们自然而然就会有安全感。这就像模拟宝宝在妈妈子宫里的环境一样，他可以自由地触碰到自己的手和脚，可以自由地将手放入自己的嘴里吸吮，这会给宝宝带来胎儿时期最熟悉的参照点。

裹襁褓的方式适用的时间也很短，仅适用0～3个月大的宝宝。因为当宝宝3个月后，身体的运动能力增强，开始学着翻身和挪动，散开的襁褓巾容易捂住宝宝的口鼻，带来窒息的风险。

2. 助宝宝顺利度过惊跳反射的三个实用方法

比起用裹襁褓的方式，我更推荐父母给新生儿使用投降式防惊跳睡袋和婴儿提篮。

（1）投降式防惊跳睡袋

防惊跳睡袋的原理非常简单，就是将婴儿，特别是新生婴儿轻轻地包裹起来，减少宝宝和外界接触的空间，同时宝宝也能够触摸到身边的事物，这样能为宝宝模拟一种在子宫中的感觉，从而提升宝宝的安全感。

在子宫中的宝宝可以随意地活动自己的手和脚，在踢动的时候还能感觉到拥挤。投降式防惊跳睡袋恰恰符合这样的标准。

投降式防惊跳睡袋的设计比较人性化，宝宝的双手可以自然向上，这也是"投降式"这一名称的由来，而且睡袋里有足够大的空间，可以让宝宝的手脚自由移动，不影响宝宝发育，也不妨碍喜欢吃手的小宝宝，醒了可以自我安抚。

睡袋的安全系数比襁褓巾更高，我们不用担心襁褓巾松开后宝宝着凉的问题。在寒冷的冬天，父母可以在睡袋的基础上加盖小毯子，将小毯子塞在宝宝的腋窝和背部，保暖的同时也

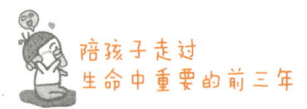

要保持宝宝的手和脚有足够的空间能自由活动。

（2）床中床

市面上的婴儿床，虽然尺寸比成人的小，但对于新生儿来说还是比较大的。新生儿活动时手脚无法触碰到床栏，难以产生安全感，而床中床则是一个高度仿生环绕，建立宝宝孕期参照点的好方法，能给宝宝带来安全感。

所谓的床中床，就是一个可以放在大床或婴儿床里的小床。它的四周有一层厚7～8厘米的海绵，能增加"拥挤"的感觉。同时，宝宝的手和脚也有足够的空间可以移动。

床中床边缘环绕的小海绵，能够成为宝宝睡眠时的保护圈，避免父母和宝宝同床睡觉时翻身压到宝宝。

（3）婴儿睡篮

我们也可以使用婴儿睡篮。婴儿睡篮相较床中床，有把手，方便取放，并且成人可以提着睡觉的宝宝外出。婴儿睡篮比较高，既可以保持婴儿的体温，也不容易让婴儿掉出来。

白天，成人可以提着睡篮把婴儿放在客厅，晚上可以把睡篮放在宝宝的小床上。如此可以帮助宝宝固定睡眠的环境，建立睡眠时熟悉的参照点和感觉。持续稳定的睡眠秩序会让宝宝入睡变得更加简单。我们还可以将婴儿睡篮搭配婴儿抱枕一起使用。

床中床和睡篮一般可以使用到宝宝3个月左右。3个月以后，宝宝的惊跳反射逐渐消失，有目的的动作会越来越多，开始学着翻身了。这时我们可以将床中床或睡篮移出,让宝宝睡在自己的小床上。4个月后可以给宝宝提供分腿的睡袋,以适应孩子的变化和发展。

一直要吃奶,宝宝是没吃饱吗?

> **小观察**
>
> 用手指在宝宝的脸颊、下巴或者唇部点一点,我们会发现宝宝的头转过来了,还张开小口做出寻找乳头的动作。
>
> 如果我们把手指轻轻放在宝宝的唇部,宝宝还会含住并开始吸吮。

"宝宝肯定是饿了吧?"

"是不是妈妈的奶水不够,刚才没吃饱?"

"如果再给宝宝喂一瓶配方奶,他也可以喝完,还能直接睡好几个小时呢!"

随着质疑的声音越来越多,很多妈妈心生疑虑:宝宝寻找乳头是不是因为没有吃饱?我们是否应该再多给宝宝一些配方奶,让他一次性吃个够呢?

其实,宝宝寻找乳头,并不一定是饿了,这只是一种原始反射动作。

1.一系列连贯的动作:觅食反射—吸吮反射—吞咽反射

反射行为是大脑的代理人,它指挥各类不同的运动,使其自由地参与到更重要的事情中。

——哈列克

第一章
0～2个月，建立起最初的安全感

反射动作是宝宝做所有动作的基础，找乳头的动作是宝宝的觅食反射。觅食反射大约在宝宝0～3个月开始出现，并在3～4个月时逐渐消失。在宝宝刚出生的前两个月里，只要我们用手轻轻触摸宝宝嘴巴周围，都会刺激宝宝头部转动，并张开嘴找寻乳房觅食。

觅食反射让宝宝找到妈妈的乳头并进行含乳，进而引发吸吮的动作，这也就触发了吸吮反射。当宝宝开始吸吮，又会进一步促进咽喉进行吞咽。

觅食反射—吸吮反射—吞咽反射这一系列动作，是宝宝与生俱来的动作能力，他不需要进行思考学习就能做出这一系列动作。只要将宝宝靠近妈妈的乳房，宝宝就能做出这些反射动作。这些反射动作可以帮助宝宝更好地在新环境里生存下来。

随着宝宝的成长，他拥有了更多的经验，觅食的方式逐渐从触觉刺激（嘴巴触碰到乳头）过渡为视觉刺激。也就是说，宝宝看到乳房，就知道有奶吃了，天然的奶香味，也会让孩子更好地定位乳头的位置。宝宝的反射性动作会逐渐由自主性动作取代。

宝宝的觅食反射、吸吮反射、吞咽反射，三者相互协调，喂食将变得更有效率。这些反射动作慢慢变得更加有目的性，在婴儿2～3个月的时候，这些反射动作将逐渐被主动的吸吮和吞咽动作所取代。

值得注意的是，如果宝宝早产2个月，是没有这三个反射性动作的。因为觅食反射、吸吮反射、吞咽反射还没有被发展出来，这也是为什么早产儿需要通过管子来喂食的原因。

这一系列连贯的反射动作对于新生宝宝来说有非常重要的意义。

①帮助宝宝更好地生存下来，让早期的母乳喂养更顺利。

②帮助宝宝对触觉刺激进行反应，并从触觉反应转换到视觉反应，刺激喂养的动作。

③有助于宝宝嘴唇、舌头、咽喉的精细动作发展，为未来几个月宝宝的语言发展奠定基础。

④宝宝的吸吮反射和吞咽反射对妈妈也有益处，可以促进子宫的收缩和恢复。

觅食反射在婴儿出生后的第一个小时里最活跃。越早把宝宝放到妈妈的乳房前，母乳喂养就越容易成功。当然，虽然宝宝与生俱来拥有觅食和吞咽的能力，但是吃奶不是宝宝一个人的事情，需要妈妈和宝宝相互磨合。正确的"深含乳"哺乳姿势可以让喂养事半功倍。

引导宝宝"深含乳"的小技巧

- 妈妈和宝宝胸贴胸，腹贴腹，使宝宝的嘴唇尽可能地触碰妈妈的乳头。
- 手挤出一点母乳，触碰宝宝的上唇或靠近鼻子的地方，使宝宝张大嘴，一口含住乳头。如果妈妈的乳头不够突出，可以用食指和拇指对搓乳头，轻轻地

> 挤压乳晕，使乳头突出。
> - 检查乳头和大部分的乳晕是否都被宝宝含在嘴里，鼻子和下巴是否靠近乳房。
> - 需要注意，不要将乳头塞进宝宝的嘴里，要引导宝宝自主含乳。

用手指在宝宝的嘴边轻轻点一点，宝宝就出现"找奶吃"的反应。这并不一定表示孩子没有吃饱，很多时候只是触发了新生儿的反射动作而已。如果用这种方式作为测试宝宝是否吃饱的标准，你的宝宝大概率会被过度喂养。

2. 四个方面，判断宝宝是否真的吃饱了

（1）吃奶时间和状态

一般宝宝的吃奶时间在 15～20 分钟左右。如果妈妈的奶水比较充足，时间会短一些。我们还可以通过观察宝宝吃奶时的状态，来判断宝宝是否进行有效吞食。

宝宝在吃母乳的时候，会发出有节律的吸吮声，平均每吸吮 2～3 次，会听得到宝宝咕咚下咽的声音。如果听到这些声音，说明宝宝吃得很好。

（2）大小便次数

宝宝出生后的头两天可能只尿湿 1～2 片尿布，随着摄入的奶水量增多，从第三天开始，尿布更换的次数会越来越多，

到第六天,每天最少应有 6 片中等重量的一次性尿布。重量相当于将 2～3 汤匙的水倒入一片一次性尿布里。有些宝宝甚至一天会更换超过 8 片尿布。喂母乳的宝宝每天大便 4～5 次。

如果给宝宝更换的尿布数量不少,那么喂食肯定是足够的。

(3)妈妈乳房的状态

在喂养前,妈妈的乳房会比较充盈,也就是我们常说的涨奶。如果用手触摸,可能还会有些硬块。当宝宝吮吸过后,乳汁排空,乳房变得松弛、柔软,这说明宝宝吮吸了足够多的乳汁。

(4)宝宝的体重增长情况

如果宝宝清醒时精神好、心情愉快,体重也逐日增加,说明宝宝是吃饱的。值得注意的是,在宝宝出生后的头几天里,会出现生理性的体重下降。一般下降范围为原有体重的 3%～10%,多在出生后 3～4 天体重下降到最低限度,接着会逐渐回升,至 7～10 日恢复体重。[1]

---

1 摘自《儿科护理学》

第二节

6个锦囊,培养专注、平静而好奇的宝宝

新生儿吊饰——培养专注、平静而好奇的宝宝

儿童的进步不是取决于年龄,而是取决于能够自由地观看他周围的一切。

——玛利亚·蒙台梭利

> **小观察**
> 我曾经在月子中心观察过一次育婴师和宝宝的互动。工作人员给新生儿提供黑白卡片,把卡片放在孩子的眼睛上方,变换着黑白卡片给孩子观看。
> 如果孩子的注意力不在卡片上,育婴师就用一个小沙锤在卡片背后敲一敲,发出声音,将其注意力吸引过来,以此来训练孩子的专注力。

孩子的专注力真的可以被锻炼出来吗?当孩子在自主观察一个物品时,我们通过敲打的方式强制吸引孩子的注意力,这

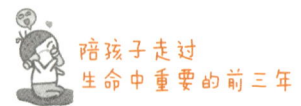

本身是否也是破坏其专注力的一种表现呢？

相比黑白卡片这类训练专注力的工具，我更喜欢用蒙台梭利的新生儿教具——吊饰，一种非常适合给0～3个月的宝宝做启蒙的好工具。

1. 什么是吊饰？

吊饰顾名思义就是吊着的装饰，而我们提供给孩子的吊饰并不仅是一个装饰品，还是一份具有美感和教育意义的艺术品。我们可以把一些小的平衡物做成一组吊饰，悬挂在孩子的胸前，让宝宝在清醒的时候能观察和探索。

运用吊饰与黑白卡片最大的不同之处，就是我们相信宝宝本身是一个积极的学习者。我们将吊饰悬挂在距离宝宝胸前30厘米的地方，鼓励宝宝自主观察。激发宝宝探索世界的欲望和兴趣，远比仅给孩子有限的物品要有意义得多。

2. 使用吊饰的三大益处

（1）吊饰让孩子的学习从被动变为主动

传统的黑白卡片，是成人主动把卡片举在孩子的前方，由成人决定孩子看什么、看多久。吊饰则不同，缓慢移动的吊饰，能够让孩子更加积极地参与选择和学习。如果孩子拥有更加主动的学习能力，我们就可以更好地训练孩子的专注力。

因为激发孩子探索世界的欲望和兴趣，远远比仅给孩子有限的物品要有意义得多。

孩子本身就具有强大的自我学习能力，少点"主动教"，创造环境让孩子可以"主动学"，就能发挥其最大的潜能。

（2）缓慢运动的吊饰促进情绪稳定，让孩子更有安全感

吊饰在力学上讲究一种平衡的美，只要一边有风吹过，或者被轻轻拨动，就会引起整个吊饰的运动。吊饰的这种运动是缓慢的、平衡的，会让人感觉到一种平静，情绪变得稳定。

这种平静的感觉可以让孩子认识到即使环境发生变化，他们仍是安全的。孩子拥有这种安全感非常重要，因为这是他们开始积极探索世界的重要基石。

（3）吊饰能训练孩子的视线追踪能力，为未来阅读和独立生活奠定积极基础

视线追踪的能力对孩子未来阅读、独立生活有重要的意义。视线追踪能力强的孩子，阅读书籍时不容易出现跳行、漏行、漏字的现象。在新生儿0~3个月这一阶段，我们给孩子提供吊饰，其实正是在为培养孩子这种能力做准备。

接下来我们就来介绍一下，新生儿阶段孩子可以使用的吊饰。

3. 新生儿使用的五种吊饰

根据宝宝视觉和手眼协调能力的发展，我们会为0~3个月的宝宝使用以下几种吊饰。

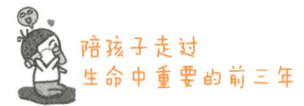

①黑白吊饰：从 2 周开始

②六角钻石吊饰：5～6 周

③渐层色球吊饰：大约 2 个月

④纸型吊饰：大约 3 个月

⑤木型吊饰：大约 3 个月

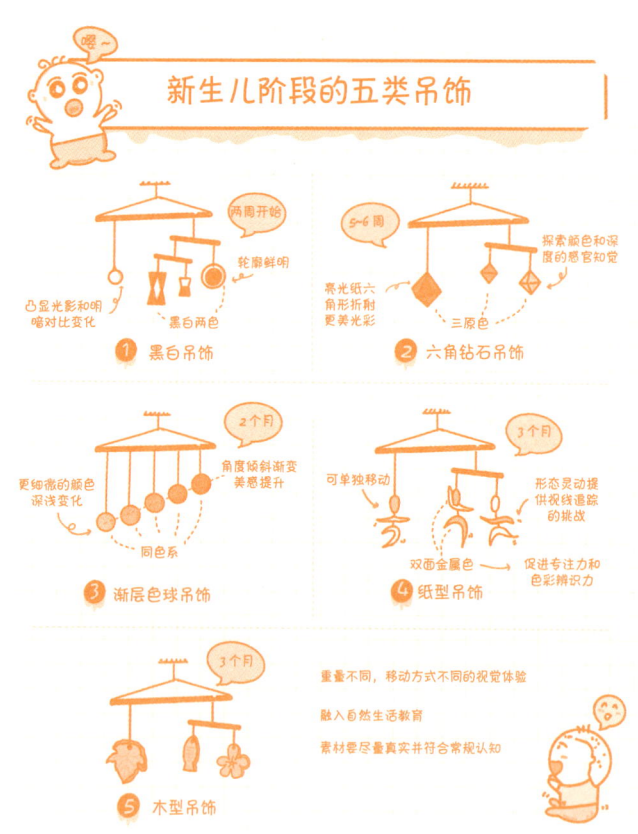

（1）黑白吊饰

吊饰要点

①黑白两色，轮廓鲜明

②凸显光影和明暗对比变化

黑白吊饰的发明者是意大利艺术家布鲁诺·穆纳里，为了纪念这位伟大的艺术家，黑白吊饰也被称为穆纳里吊饰。穆纳里小时候喜欢看在天上飞来飞去的纸片，这成了他创作的灵感之一。他用一些丝线将小纸片和木棍悬挂起来，不需要去触碰，吊饰就会在流动的空气中转动。

刚出生的婴儿，绝大多数是"远视眼"，他们的眼球小，视力仅仅只能用来看妈妈的脸——模糊的轮廓。在孩子1个月时，他可以看到离他大约30厘米距离的事物，在3个月的时候，孩子逐渐可以追踪移动的物品，眼睛才能真正聚焦看到妈妈的脸。

早期的黑白吊饰可以刺激孩子的眼睛聚焦，看到明暗对比强烈的物品，孩子脸部的肌肉和视觉的神经也会开始建立起来。在这个过程中，孩子会对移动的吊饰进行视线追踪，帮助他的眼睛聚焦看到更远的距离。

这些最早的感官经验会不断刺激大脑开始接收信息，促使他更积极地探索、观察世界。感官刺激接收的越多，孩子的感知判断就会越敏锐，这能促使孩子全面发展。

（2）六角钻石吊饰

吊饰特点

①使用三原色，探索颜色和深度的感官知觉

②加入亮光纸，六角形能折射出更美的光彩

最开始，孩子能看到的更多的是明暗对比强烈的物品。逐渐地，孩子可以看清物品的轮廓和更多的颜色。我们可以在宝宝5～6周的时候，给其提供有颜色的吊饰，六角钻石吊饰就是其中的一种。

用红、黄、蓝三原色亮光纸，折成六角形，将其用蚕丝线悬挂在细的棍子上。当我们把六角钻石吊饰悬挂在一个平躺着的孩子前方时，你会发现孩子被这种颜色变化深深吸引并专注观察。

（3）渐层色球吊饰

吊饰特点

①同色系、更细微的颜色深浅变化

②角度倾斜渐变，美感提升

在宝宝3个月左右时，我们给宝宝提供5个颜色渐变的色球吊饰。这些色球一般是用羊毛毡做成的，或者用毛线缠绕在泡沫尼龙球上。

渐层色球吊饰除了颜色逐渐变化外，色球的高度也呈45度角逐渐上升。位于最上面的色球颜色是最浅的，而高度最低的那个色球颜色是最深的。深色更容易吸引宝宝的注意力，宝宝可以自下往上看，提升聚焦观察力。

（4）纸型吊饰

吊饰特点

①形态更灵动，提供视线追踪的挑战

②双面金属色，提升专注力和色彩辨识力

用纸剪出4个小人，每一个小人都是可以单独移动的。当孩子躺在活动垫上时，我们可以把纸型吊饰悬挂在离宝宝胸前30厘米的高度让他观察。挑选纸型吊饰时尽量选择两种或两种以上的闪光纸，最好是双面，即两面是不同的颜色。

（5）木型吊饰

吊饰特点

①重量不同，移动方式不同的视觉体验

②融入自然生活教育

木型吊饰相比纸型吊饰多了一些重量，并且移动的方式不一样，而且用到了更多的颜色。我们使用轻质的木材，可以让木型吊饰更好地转动起来。

木型吊饰的形状要尽量真实，符合常规的认知。最好是平时我们生活中能看到的事物，比如鸟、蝴蝶、花、雪花、鱼等，这能自然而然地对孩子进行生活教育。

4. 吊饰不是用来打发孩子的物品，而是鼓励他积极与世界互动的工具

孩子观察、使用吊饰时，需要有成人在旁陪同。当小宝宝专注观察吊饰的时候，我们不要轻易打扰，可以在旁边观察。吊饰并不是我们用来打发孩子的物品，而是鼓励孩子探索世界、观察世界的工具。

每个孩子专注观察的时间有所不同。当他们发出信号，需要我们的帮助时，我们要抱起孩子，和孩子互动，及时回应孩子的需求。

吊饰不是一成不变的，如果我们观察到宝宝对某一种吊饰兴趣度没有那么高了，就可以更换新的吊饰。孩子是不断成长的，当他的视觉聚焦和视觉追逐能力达到更高的水平，我们就可以为其提供更多元化的吊饰，让宝宝保持对世界的兴趣，同时促进宝宝视觉感官敏锐度的发展。

扫码关注【玫瑶老师】，回复关键词"新生儿吊饰"，查看吊饰的更多信息和制作方法。

和宝宝说话、唱歌——通过外界的回应建立信任

关系比技巧更重要，观察比行动更重要，走心比结果更重要。

> **小案例**
>
> （来自知乎上一位爸爸的留言）
>
> 老婆怀孕的时候，我就经常给还在老婆肚子里的儿子讲故事，虽然我认为，羊水里面，他啥也听不见。
>
> 老婆生儿子的那天，我在产房陪着她，护士把儿子抱给我。宝宝哇哇大哭。我无视整个产房的医生和护士，开始给宝宝讲"狼来了"的故事。听到我的声音后，他就不哭了，安安静静的。

宝宝虽然是出生后才与我们见面的，然而宝宝和我们很早就熟悉了。实际上，宝宝在妈妈的子宫里4个月左右时，听觉神经系统就开始发育了，开始能够听到外面的声音。随着宝宝的成长和发育，他的听力也在逐渐健全。虽然看不见爸爸妈妈，但是宝宝可以通过声音辨认出熟悉的人。

在宝宝出生后，父母与宝宝说话、讲故事、唱歌，可以让宝宝感受到熟悉的参照点，对新的世界产生信任，变得更有安全感。

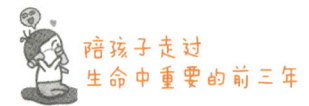

我们和宝宝说话的时候,经常会不自觉地提高自己的音调,这是一种带着热情、好奇心的话语方式,可以吸引宝宝更多的注意力。

那么在日常生活中,我们应该怎样与宝宝相处,才能建立起他对世界的基础信任呢?

1. "看、说、做、唱"与孩子建立亲密互动

(1)看:让宝宝看到你的脸

对宝宝来说,世界上最好的玩具,是爸爸妈妈的脸。这当然不是说要把我们的脸给宝宝当玩具,而是说当我们和宝宝互动时,会看着他们的眼睛,做出各种各样丰富的表情,这会引起宝宝极大的兴趣。

如果你细心观察,会发现当我们对着宝宝说话时,他们会更多地注意我们的嘴巴和牙齿。宝宝们会非常好奇:咦?原来我以前在妈妈肚子里听到的声音,是从这里传来的吗?

美国著名的脑科学家约翰·梅迪纳在他的书籍《让孩子的大脑自由》中写道:

> 只有面对面和宝宝进行交流,婴儿脑内的神经元才会记录下外语的语言、词汇和语法。也就是说,我们与宝宝交谈时所使用的词汇数量和丰富程度,才是真正影响孩子词汇量和智商的因素。

当我们与宝宝交流时，要避免头发遮住我们的眼睛以及嘴巴，要让宝宝尽可能地看到我们的脸。这不仅有助于宝宝读懂我们的语言，还能让宝宝了解唇齿和肌肉之间如何协调合作发出声音，为未来几个月语言的发展打下基础。

（2）说：使用"跳舞式沟通法"

当我们和宝宝说话时，可以使用"跳舞式沟通法"。所谓的"跳舞式沟通法"，就是我们在和宝宝说完话后，留出几秒钟的时间，让宝宝也"参与"到对话中来。对于婴儿期的宝宝来说，他们的动作、声音、表情、节奏等都是表达的方式。如果我们能积极地模仿他们的声音和语言，给予回应，就会形成一来一回的"跳舞式沟通"。

> **"跳舞式沟通"小示范**
> 要给宝宝洗澡了。我们可以和宝宝说："宝贝，现在妈妈要给你洗澡了！"说完稍做停顿，观察一下宝宝。宝宝或许会挥动自己的双手，或许会发出咿咿呀呀的声音。我们可以模仿宝宝刚刚发出的声音来回应他，再补充一句说："我看到你在挥动小手了，你是不是也想去洗澡？来吧，我们一起去。"

在这个简单的互动过程中，我们说完话后要给予宝宝说话的时间，同时观察宝宝的微表情、微动作。通过语言的描述和

回应，形成一来一回的积极互动。你会发现宝宝即使还不会说话，但是已经是一个十分爱表达的小可爱了。

（3）做：和宝宝一起做，而非替他做

我们要尊重宝宝，尊重意味着我们和宝宝"一起做"，而非"替他做"。我们要让宝宝也有机会参与到日常生活的照料中，成为家庭的真正一员。

当我们给宝宝换尿布时，我们可以邀请宝宝一起参与，而不是替他完成一个任务。我们可以和宝宝说：

"宝宝，我们要换尿布了！"（提前预告）

"这是你的小脚丫，你可以抬起小脚吗？"（发出邀请）

"我现在要把脏尿布取出来了，你可以把小屁股抬起来吗？"（描述动作）

如果从宝宝出生后我们照料宝宝时就重复上述话语，你会发现几个月的孩子，就能"听懂"我们的话，配合完成换尿布这件事情。

即使是换尿布这件小事，宝宝也会通过我们有温度的手，感受到温暖和爱。正如蒙特纳诺博士曾说："和宝宝一起做事情，我们赋予孩子在家庭中的重要地位。"我们让这个新人类发现，有同伴的感觉真好！宝宝会感觉到和我们在一起很快乐。如此，我们的母性照顾就会转化为他的社会经验，而我们和孩子的亲密关系，也在这个过程中自然而然地建立起来。

（4）唱：将歌谣融入日常照料里

我们还可以将歌谣融入日常照料里，让宝宝拥有更多的语言听觉经验。比如用儿歌《两只老虎》的旋律，把日常生活的经验，编成歌词融入其中，在给宝宝洗手时，用《两只老虎》的旋律哼唱："洗洗小手，洗洗小手，搓泡泡，搓泡泡。左边搓搓，右边搓，干净的宝宝，干净的宝宝！"

如果我们可以根据情景，适当修改一些歌词，这对宝宝来说会是一种很棒的体验。韵律节奏有着独特的美感，不仅吸引儿童，是孩子成长过程中不可缺少的文化养料，还能让我们的心情愉悦。日常照料不仅是父母单方面的照料，更是建立亲子关系的重要渠道。

婴儿抱枕——让宝宝找到孕期参照点,感觉更安全舒适

母亲的心跳、声音等,还有胎儿用手摸脸、四肢和身体的动作,这些在孕期时的记忆可以协助孩子适应新环境,使他更容易在新环境中定位。这些参照点是连接出生前(在母体内)和出生后(在母体外)两个时期的桥梁。

它们足够说明,虽然情境改变,生命却是同样继续着。许多事情的变化是如此快速,参照点却能提供给孩子安全感。

——蒙塔纳罗

若我们要让孩子更好地成长,我们就应该在他出生后给予他尽可能多的尊重。这个尊重代表我们要帮助宝宝延续出生前熟悉的参照点——趴在妈妈的胸前,感受妈妈的心跳、声音和气味。为了更好地建立宝宝出生后稳定的参照点,我们可以在孩子出生后的2~3个月内,给宝宝使用婴儿抱枕。

第一章
0～2个月，建立起最初的安全感

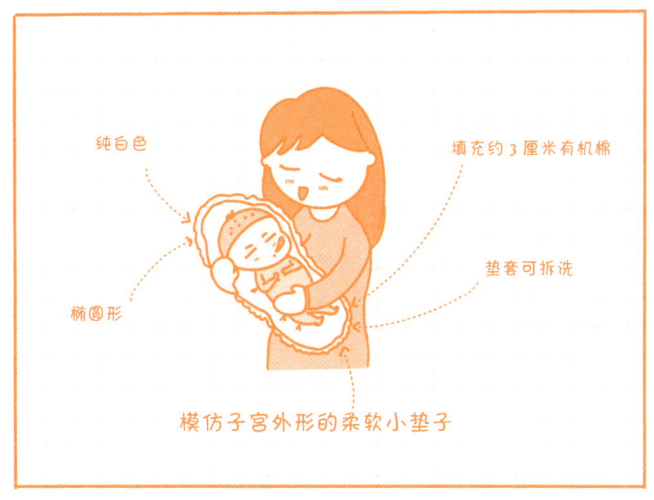

婴儿抱枕

1. 什么是婴儿抱枕？

婴儿抱枕是一个模仿了宫外形的柔软小垫子，椭圆形，一般是纯白色，里面填充了大约3厘米厚的有机棉垫芯，外层有可拆洗的垫套。

我们将宝宝放在小垫子上，无论宝宝清醒还是睡觉，小垫子都贴身和宝宝在一起，就像孩子的贴身衣服一样。

2. 使用婴儿抱枕，有三点好处

（1）提供稳定的温度，舒适感提升

垫子总是和宝宝在一起，因此可以保持相对稳定的温度和舒适感。

（2）安全性提升

抱枕让照顾者能够更稳地抱住软绵绵的宝宝。

（3）解决"落地醒"的烦恼

即使宝宝在睡觉的时候，被不同的大人换着抱，或者被更换不同的睡眠环境，小小的垫子始终可以保持相对稳定的温度和味道，为宝宝提供熟悉的参照点，当然也可以解决放下宝宝就"落地醒"的烦恼。

3. 如何使用婴儿抱枕？用对这两个方法，大人小孩都轻松

（1）让抱枕和宝宝总是在一起，越早使用效果越好

刚出生的宝宝视觉还未发展完善，他们主要依靠触觉、嗅觉、听觉、味觉探索和熟悉环境。宝宝在妈妈的子宫里时，能感受到被羊水包围的温暖和柔软，我们为刚出生的宝宝提供模仿子宫形状的柔软抱枕，可以帮助他们减少惊跳反射，让他们睡得更安稳。

越早给宝宝使用，宝宝就越容易对这个垫子感到熟悉。妈妈连着抱枕一起抱宝宝，抱枕上也会有妈妈的味道，如此，我

们将宝宝放下床时，宝宝会感觉妈妈并没有离开，这样不仅可以增加孩子的安全感，还可以增加孩子抱睡放下床后不惊醒的成功率。

（2）使用透气的材料，定时清洗

抱枕可以自己制作，也可以购买市售的现成产品。无论是填充物还是枕套，尽量使用纯棉、安全的原材料。

新生儿的身体特别柔软，很多人不知道如何抱起宝宝。有了这个小抱枕，宝宝的背部、头部就有了比较良好的支撑，宝宝就可以被我们轻松地抱起来了。当大人抱累了想换其他人时，有了这个抱枕也会方便很多。

同时，婴儿抱枕还可以提供给宝宝一个好的卫生环境。在炎热的夏天，小垫子可以把宝宝娇嫩的皮肤和其他人的皮肤隔离开来，避免直接接触，这样更加卫生，能减少宝宝产生湿疹的概率。

小贴士

· 枕套可以备用两个，定时替换清洗更卫生。

· 抱枕越早使用效果越好，一般可以用到宝宝 2～3 个月左右。

扫码关注【玫瑶老师】，回复关键词"抱枕"，获取抱枕所需的材料及详细制作方法。

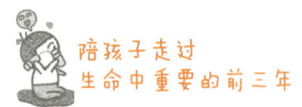

蒙氏抓握玩具——有多感官体验的宝宝更聪明

我们必须帮助孩子,不再只是因为我们认为他是个无能脆弱的小生物,而是因为他被赋予着创造性的能量。这些能量非常微弱,需要我们充满爱及智慧的保护。我们要协助他们这些创造性的能量成长。

——玛丽亚·蒙台梭利

1. 一个人最好的朋友,就是他的十根手指头

婴儿刚出生之后,第一个动作是抓握。若我们把手指放在孩子的手心里,他们会本能地抓住,紧紧不放手——这就是"抓握反射"。

> **小知识**
>
> 抓握反射,将手指或笔杆触及婴儿手心时,婴儿会马上握紧不放,抓握的力量之大,足以承受婴儿自己的体重,如借此将婴儿提起,他们在空中可停留几秒钟。

这种反射在宝宝第 1 个月时增强,随后逐渐减弱,到 3~4 个月的时候逐渐消失。孩子本能的抓握会被自主性的动作所取代。

随着宝宝逐渐成长,双手会不断探索。最初,宝宝只会把

手放进嘴巴里,某一次无意地挥动双手,他会突然发现:哇,自己碰触到的这个物品(小铃铛)会有声音!如果再碰一次,还会再次发出声音。宝宝开始发现了自己好玩的双手。

大约在宝宝两个月的时候,他可以尝试着抓住自己的小手小脚,并且可以抓握一些小物品。这个阶段的宝宝肢体已经可以被大脑神经支配,而且,双手做出的动作可以表现自己主观上的意识,大部分宝宝是从这个年龄开始学会玩手的。

在这个阶段,孩子可能会将看到的物品都抓起来,放入嘴里探索。因此家长要警惕,要把宝宝身边危险的物品收起来。而当他把危险的东西放进嘴巴里时,我们可以温和地将孩子的手拿开,告诉他:不可以触碰或者不能放进嘴巴里。但是因为我们需要鼓励孩子去触碰其他的物品,所以要避免说"不要碰"这样的话,而是要使用"不要吃这个花""不要吃树叶"这样具体的话来指导孩子,以免宝宝产生困惑。

我们可以给孩子提供一些能让他们体会多种触觉的玩具,供孩子进行抓握练习,在这个过程中也能帮助宝宝学习与他人互动。

2. 三个有趣的听觉经验探索活动

（1）拉动式音乐盒

拉动式音乐盒有一条绳子，我们拉动绳子的时候会发出美妙的声音。音乐盒的声音悠扬动听，并且音量非常适合新生儿宝宝聆听。

适用年龄段：宝宝2周后

使用方法

①在宝宝清醒的时候，我们让宝宝仰躺着，拉动音乐盒放在他头部的一侧。如此可以鼓励宝宝转动自己的头部，探索声音的来源。

②在宝宝趴着的时候，也可以将音乐盒放在宝宝的前方，

鼓励他抬起头。

③最开始的时候宝宝只会听，慢慢地他会学着拉动绳子，使音乐盒发出声音。

（2）干葫芦

风干的葫芦，挥动的时候里面的籽会发出沙沙的声音。这对小宝宝来说是一个特别的听觉体验。干葫芦外观小巧、光滑，并且材质天然、安全，非常适合小宝宝抓握、挥动并且探索声音。

不同的干葫芦能发出不同的声音，有的闷一些，有的则清脆一些。这可以给宝宝带来许多感官上的新体验。

适用年龄段：2个月以上

使用方法

①在宝宝眼前轻轻摇动葫芦，然后放在宝宝的手里，鼓励他抓握和挥动。

②在宝宝趴着的时候把葫芦放在他面前，鼓励他爬行和抓握。

（3）圆柱竹摇铃和圆柱摇铃

圆柱竹摇铃是一个空心的竹制小圆柱，内里填充一些小米粒、小石子或小豆子，两头封闭起来避免填充物掉出。而圆柱摇铃是实心的小木柱，两头有两个羊眼钉固定的小铃铛。

圆柱竹摇铃和圆柱摇铃的尺寸非常迷你，大约长7厘米，直径1.5厘米左右。这是因为这样的尺寸可以完美匹配宝宝的小手，帮助他更好地抓握。

刚开始的时候，宝宝抓握着摇铃，会随意挥动双手。慢慢地，宝宝会发现自己每一次挥动手臂，手里的摇铃就会发出响声，这可以帮助宝宝发现自己的能动性。

适用年龄段：2 个月以上

使用小贴士

①刚开始使用时，可以由父母在宝宝的耳边摇动发出声音。

②铃铛和圆柱体需要打磨光滑，避免锋利的边缘弄伤宝宝，零件需要被稳固地固定在圆柱体上。

③可以选择市面上合适尺寸的响板和小摇铃。

3. 两个有趣的触觉经验探索活动

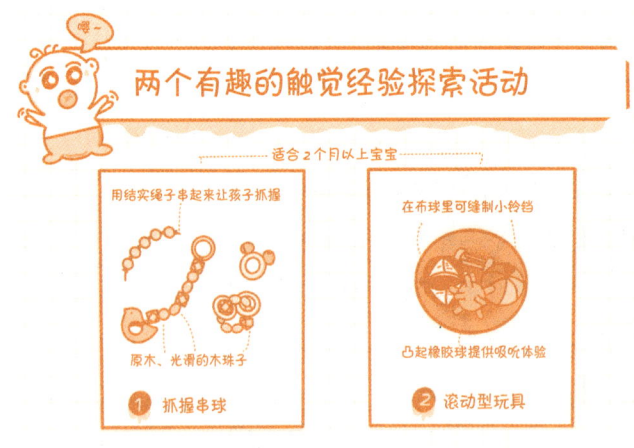

（1）抓握串珠

我们可以把一些光滑的木珠子，用结实的绳子串起来，供孩子抓握。这些木珠子比起塑料玩具，更天然、更安全。

适用年龄段：2个月以上

使用方法

①将珠子放在宝宝的手里，或者宝宝的身边，他会用手抓握起珠子，放进自己的嘴里探索。

②串珠有一定的长度，宝宝会开始练习左右手交接（换手），协调双手一起工作。

使用小贴士

①需要确保串珠子的绳结非常稳固，要经常检查绳子打结的部分，避免绳结松落，珠子掉出引发意外。

②推荐使用原木的、光滑的、质量好的木珠子。

当宝宝可以自主探索，享受以自己为主导的游戏时，就是宝宝手眼协调能力和专注力协调工作的早期经验。

除此之外，我们还可以给这个阶段的孩子提供材质各异、大小不一的滚动型玩具，让孩子可以抓握并学习将它们滚动起来。

（2）滚动型玩具

在布球里缝制上小铃铛，滚动的时候布球可以发出声音，增强孩子的多感官探索。而有凸起的橡胶球，对于吸吮需求比较高的孩子来说，不仅可以提供特别的吸吮体验，还可以避免

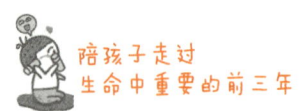

使用安抚奶嘴时宝宝整个嘴巴被安抚奶嘴充满,影响其发音和咬合的发展。

适用年龄段:2个月以上

使用小贴士

①这类滚动型的玩具,特点就是滚动时不至于太远,可以促进孩子做出伸手、翻身、爬行等自主性的动作。

②当宝宝开始对这个世界产生好奇,促使他们不断运用双手,让他们进行更多奇妙、有趣的探索。

温馨的洗澡和换尿布——提前预告动作，传递有温度的手

养孩子不是套用公式，相比具体的教养方法，你与孩子的关系对于养孩子来说更重要。

> **小测试**
> 给宝宝第一次洗澡，你会怎样选择？
> A. 以前没有给小宝宝洗澡的经验，还是请有经验的月嫂或老人来给宝宝洗比较好。
> B. 给宝宝洗澡是一次亲密的肌肤接触，可以建立起和宝宝的亲子信任关系，自己学习给小宝宝洗澡也很不错。

宝宝第一次洗澡，会让他感觉再一次回到妈妈的羊水里。宝宝柔软娇小，怎么样帮他洗澡才能既保证干净卫生，又不会让宝宝感觉不舒服呢？新生儿经常出现的洗澡后脐带发炎的问题，又应该如何做才能避免呢？

1. 给宝宝洗澡的三大原则

（1）晚冲澡，先连接

孩子从母亲温暖舒适的子宫里出来后会感觉不舒服，因为自然环境的温度比母体的温度要低很多。然而造物主创造人类这伟大的生命时，总是有许多让宝宝适应新环境的方法。

比如孩子身上有一层薄薄的白色油脂——胎脂。越来越多的现代研究表明,胎脂可以起到保护新生儿皮肤、维持体温的作用。

胎脂形成了一个天然的屏障,避免新生儿自身因抵抗力不足受到外界细菌的入侵。宝宝出生后,这种胎脂仍会存在一段时间,可以减少宝宝身体热量的散发,具有维持宝宝体温恒定的作用。

以前许多医院妇产科护士的传统做法是在宝宝出生之后就马上带去冲洗,现在随着大家对胎脂了解越深,越来越多的医院改为用软纱布为宝宝简单擦拭。在宝宝出生后的第二天,才带宝宝去冲洗。

延迟给新生宝宝冲澡,是非常好的。因为这不仅对宝宝的生理有好处,而且对孩子的心理发展也有好处。

24小时之后再给宝宝冲澡,可以帮助宝宝与母亲建立更好的相互依附关系,让他在最惶恐的时候感受到妈妈最温暖的拥抱。这对后期孩子的安全感,以及顺利喂养母乳都会产生积极的影响。

(2)避免宝宝脐带感染,除了盆浴还可以选择擦浴

> **小知识**
>
> 关于给宝宝洗澡,美国儿科学会的建议是:如果每次换尿布时,都彻底清洁尿布区,那么婴儿就不需要经常洗澡。婴儿出生后1~2周,脐带残端没有完全脱落之前,应该只为婴儿做擦浴。

> 威廉·西尔斯在他的《西尔斯亲密育儿百科》里,也给出了类似的建议:我们先简单用海绵给孩子擦浴,直到脐带彻底干燥脱落为止。过了海绵洗澡的阶段之后,才给孩子在浴盆里洗澡。但是需要保证每次宝宝大便后尿布区充分干净。每日局部清洁是必要的,尤其是出汗多、出油或者比较脏的地方,比如耳朵后面、颈部的褶皱、腹股沟和尿布区。

宝宝的脐带大约在出生2周后脱落,在宝宝的脐带没有脱落之前,我们可以每天用棉球或天然海绵帮宝宝擦身体来保持清洁,擦浴可以有效避免脐带碰到水后引发感染、发炎。

擦浴的同时,还需要注意做好尿布区的局部清洁。宝宝每次大便后,最好使用流动的清水清洁并擦拭干净,然后涂抹上润肤霜。

在孩子脐带完全脱落之后,就可以完全放心地让孩子在水里享受洗澡的快乐了。

(3)固定在一个地方给孩子洗澡和换尿布,孩子更有安全感

秩序是主客观之间的一致,是在事物中发现自我的精神。

——柏格森

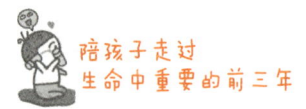

稳定的秩序和环境对新生儿来说就像渔夫看见灯塔，会让宝宝有参照的东西，感觉更安全。因此除了固定宝宝洗澡的位置外，我们也可以为宝宝准备一个固定的换尿布的换洗台。

每次宝宝尿布湿了，感觉不舒服而啼哭的时候，我们就把宝宝带到换洗台。如此重复，之后宝宝来到这个地方，就会知道接下来自己会被换上干净的衣物。你会神奇地发现：宝宝尿布湿了，来到这个地方，就停止了哭泣。

换洗台的高度需要适合成人，最理想的高度是大人站着就可以舒适地照料孩子。换尿布时让宝宝面对面直视我们，让换尿布的照料过程成为一次亲密的亲子互动。

我们将换尿布时所需要的物品，如干净的衣物、尿布、纸巾、脏衣篮、垃圾桶等物品都放在伸手就能够得到的地方。如此我们不需要离开换洗台去拿东西，因为我们不可以把孩子单独留在换洗台上。

准备一个储物的挂袋是一个很好的方法，我们可以将常用的物品，如棉花球、棉花棒、保湿乳液等放在挂袋里。换洗台下可以放尿布、袜子、衣物等，把经常用的东西放在最容易拿到的地方。等宝宝长大之后，这个柜子还可以改装成宝宝自己的小衣柜。

第一章
0～2个月，建立起最初的安全感

给孩子换尿布、洗澡、换衣服都是很好的"一对一"私人互动时间。

在这个过程中，我们要温柔、全心全意地对待孩子，一边触摸孩子的身体，一边说出孩子身体各部位的名称，并提前告知孩子，我们将会对他做什么。

孩子会感觉到平静，并且认为自己是一个值得被爱的有价值的人。

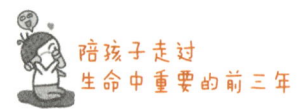

2. 第一次给宝宝洗澡，实用的三个小贴士

第一次给宝宝洗澡，是一件非常有仪式感的事情。以下有几个小要点，可以让你更享受和宝宝一起洗澡的过程。

（1）提前准备

①在宝宝睡觉的时候准备好洗澡的物品。水温一般是在38～40摄氏度左右，水量到孩子胸部位置就好，不要太深，避免发生危险。

②可以将洗澡盆放置在一个桌子或平台上，旁边放上宝宝需要的浴巾、棉球、衣物、沐浴露等物品。

③宝宝睡醒后可以适当喂点奶，避免在宝宝饿的情况下洗澡。

（2）告诉宝宝你要对他做什么

①帮宝宝取下尿布时，告诉宝宝"我们要洗澡了，现在我要帮你把尿布取下来"。

②告诉宝宝物品和自己身体各部位的名称，帮助宝宝更好地认知。用湿手蘸上一些沐浴露，慢慢在宝宝身上涂抹，一边涂抹一边说出宝宝的身体部位："我在洗你的胳膊、胸部、肚子、大腿……"

③当你要将宝宝翻个面洗背部时，不要忘记提前告诉宝宝，这样可以给宝宝安全感。

④洗澡时可以和宝宝说话，也可以唱一首歌谣。

⑤洗完之后及时给宝宝擦干,不要漏掉身上有褶皱的地方,如腋下、大腿根、耳朵后面、胳膊肘、脖子。

(3)如果宝宝不配合、哭了

①如果宝宝哭闹、抗拒,应该停下来或者"速战速决"。

②固定每次洗澡的时间,可以帮助宝宝养成良好的生活规律。

③固定每次洗澡的地点和步骤,可以帮助宝宝预测洗澡时会做什么,这样宝宝的参与度会更高。

布尿布——尿不湿外的另一种选择

> **小观察**
>
> 小冰怀孕30周的时候,她的婆婆就开始收集各种旧衣服,大约准备了两摞,准备剪好给孩子当尿布来用。
>
> 夫妻俩因碍于老人的情面没拒绝,但是心里是不愿意用的。都什么年代了,现在用纸尿裤是很普遍的,医院接生,纸尿裤是必备品。一般情况下,一片纸尿裤平均也就1元钱,一天下来20元钱不到。孩子少遭罪,大人也少遭罪。以前用尿布那是没办法,现在科技进步了,不去享受科技带来的成果,继续使用麻烦的老办法,这是何苦呢?

随着人们生活水平的提高,现在给婴儿使用纸尿裤已经非常普遍了。纸尿裤使用起来十分便利,省去了许多清洗布尿布的麻烦。有一部分父母认为,孩子穿着纸尿裤,等到两岁多的时候再慢慢戒掉,最多4岁,宝宝总能学会如厕的。

但是,我在总结这些年自己带宝宝的经验,以及学习婴幼儿发展的过程中,发现布尿布也并非一无是处。相反,它有许多纸尿裤没有的优点。

我之所以改变了对布尿布的看法,是因为我进修学习了国际蒙台梭利协会的0~3岁主教师资课程。

我的培训师是一位有着20多年与0~3岁孩子相处经验

的英籍女士。她在澳大利亚长大,她告诉我,澳大利亚以及许多欧洲比较发达的地区,很多婴幼儿日托中心正在给孩子使用能重复使用的布尿布。而在澳大利亚,父母可以申请免费领取政府资助的为6个月以内的小婴儿外包的尿布清洗服务。

政府用这项措施鼓励当地父母生育,同时也鼓励人们使用可重复使用的布尿布。使用可重复使用的布尿布有成为新时尚的趋势。

这些发展比较成熟的、托婴体系比较完善的中心,为什么要推广布尿布呢?使用布尿布究竟有哪些好处?我想有以下几个原因。

1. 使用布尿布的两大好处

(1)布尿布更环保、更安全

我们平时用的普通类型的一次性纸尿裤,在垃圾填埋厂里需要150年才能在地底下真正分解,这是一个惊人的数字!而每天都有数以万计的一次性纸尿裤被扔进垃圾填埋场里,数量非常大。加之分解的时间又长,容易造成环境污染。

使用布尿布也存在一些污染,主要是消毒液、洗涤剂这些对水的污染,但是相比起一次性纸尿裤对环境的污染来说那简直不值一提。另外布尿布还有一个好处,就是它不含有害化学物质(如荧光剂等),给宝宝使用时更加安全、放心。

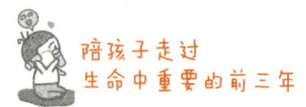

（2）布尿布能帮助宝宝未来更好地学习如厕

对于小婴儿来说，他们还没有意识到排泄这件事。如果我们使用布尿布，每次宝宝排泄，我们就告诉他："宝贝，你尿尿啦。让我们换上干净的尿布！"如此，宝宝有了更多的机会，感受尿尿是什么，明白尿布区湿湿的感觉和排泄是存在因果关系的。这样有利于宝宝了解自己的身体发生了什么。

而纸尿裤吸水性强、透气性好，很难让宝宝把排泄后湿湿的感觉和排泄这件事联系起来。现在越来越多的纸尿裤可以做到吸收1升甚至更多的水分，让我们感觉即使宝宝尿在纸尿裤上，晚一会儿再换上干净的纸尿裤也没有关系。

我们没有对排泄物做出及时反应和行动，这就进一步弱化了宝宝对排泄这件事的认知和判断，从而使得现在的孩子普遍自主如厕的时间越来越晚。

宝宝的发展从来不是一蹴而就的。孩子今天重复练习所学的技能，是对昨天学到的知识的巩固和精炼，同时也是在为明天如厕的新挑战做预备。如果我们想让孩子在3岁的时候学会独立如厕，那么在更早前就要去做孩子环境、心理各方面的准备。

使用布尿布，可以帮助宝宝更好地意识到如厕的过程，这包括如何使用正确的语言来描述，想如厕、看到大便扔进马桶并用水冲掉、清理完毕后好好洗手等，这些都是宝宝未来如厕前必要的间接准备。

2. 让清洗布尿布变得更轻松、高效的五个方法

虽然布尿布经济环保，但是因为新生儿需要换洗的布尿布数量很多，这让许多想使用布尿布的父母望而却步。以下有一些方法，或许可以帮助你，让清洗尿布变得更高效、轻松。

（1）使用尿布垫巾

尿布垫巾并不是隔尿垫，是没有防水效果的。但它可以放在尿布的上面，起到隔离宝宝大便的作用。尿布垫巾通常有两种材质，一种是棉布制作的，可循环利用，另外一种是由无纺布制作的一次性垫巾。若使用一次性的尿布垫巾，在宝宝大便之后，只需要丢掉垫巾即可，这样我们清洗有大便的尿布就会轻松多了。

无论是一次性的还是可循环利用的尿布垫巾，同样都有吸水的效果，它们在孩子的屁股和尿布中间起到了滤尿的作用。尿液会通过尿布垫巾渗入尿布，可以防止水分倒流，让宝宝处于尿布区的地方保持相对干爽的状态。

（2）使用尿布兜

尿布兜可以将尿布比较好地固定在宝宝的屁股上，并且可以兜住宝宝尿布里漏出来的部分尿液。如果宝宝是在床上睡觉的话，需要在床上垫好隔尿垫，以方便更换，避免尿液渗透到床垫上。

（3）集中清洗

计划好清洗尿布的频率，是半天清洗一次，还是一天清洗

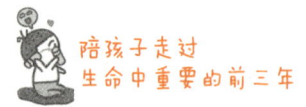

一次？根据清洗频率可以计算出宝宝所需的尿布的数量，可以多准备一些尿布。有些时候因为天气的原因，布尿布会出现干不了的情况。将尿布集中起来放进洗衣机里一起清洗，可以节省更多的时间。

（4）使用带盖、密封性较好的容器暂时储存脏尿布

使用一个带盖的或密封性较好的容器，专门储存脏尿布，可以有效防止臭味散出以及细菌在空气中传播。可以在容器内套一个大开口并有拉绳束口的网状洗衣袋。

那么在需要清洗尿布时，可以直接将整个网状洗衣袋取出，将拉绳束口关上，直接放入洗衣机里清洗。

（5）高温清洗更干净、更卫生

洗衣机清洗衣物时，水温在40~60摄氏度左右可以清洗掉绝大多数的细菌，以保证干净和卫生的需求。现在很多洗衣机都有童装煮洗或者烘干的功能。比起手洗，高温清洗其实更加卫生。如果尿布比较脏，也可以清洗两次。

最后，不管选择布尿布还是纸尿裤，都需要结合每个家庭的情况。好的家庭氛围，是帮助宝宝健康成长的最坚实的基础。我们不仅要照顾宝宝的需要，还要照顾成人的需求和感受。不管是布尿布还是纸尿裤其实都是一种工具，工具只有在适合的时候才能产生最好的效果。

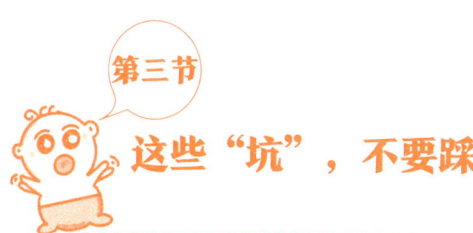

第三节 这些"坑",不要踩

婴儿手套,包起的不仅是宝宝的手,还有探索的心

我们应该细心研究孩子说的话,以及他是如何运用双手的。孩子的动作并不是偶然发生的,在自我的引导下,为了做出正确的有意义的行动,孩子将逐渐学会必需的协调动作。经过无数次的试错,随着心灵的发展,孩子终将学会运用、协调及组织其表达自我的器官。

——玛利亚·蒙台梭利

> **小观察**
>
> 2个月的小霖霖很喜欢舞动自己的双手,有时候挥着挥着,就把自己的小脸蛋挠伤了,宝宝好像也不知道疼。妈妈很心疼,为了避免宝宝再次受伤,于是妈妈用了一双婴儿手套,将宝宝的小手包裹起来。

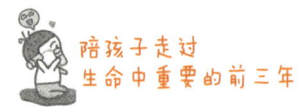

1. 手是宝宝工作的大脑

小宝宝痛感不强烈,经常被自己挥舞的小手挠伤。父母将宝宝的小手包裹起来,或许可以防止宝宝受到伤害,但是这样做的同时会带来许多意想不到的危害。

玛利亚·蒙台梭利在她的书籍《童年的秘密》里曾说,人类的双手是那么灵巧及复杂,不仅能够传达智慧,也能够让人类进入周遭环境的特殊关系中。

对于小宝宝来说,双手既是感知器官,又是运动器官。用手触摸,是宝宝早期探索世界的重要途径。如果用婴儿手套将宝宝的手包起来,会限制宝宝双手的运动空间、运动机会以及触觉体验,影响手的运动功能和感知功能的早期发展。

用婴儿手套将手包起来,还有可能出现手套内线头缠绕手指的风险。因为宝宝的手被手套包裹住了,往往大人发现的时候,宝宝的手很可能已经出现手指发黑、坏死的情况,得不偿失。

2. 让宝宝尽情玩自己的小手

手的发展是从无意、不协调的大动作到有意控制、协调的精细动作,从手口协调到手眼协调到双手配合,再到手指协调,这些过程不是自然而然熟练的,而是需要接触各种刺激、各种运动。

第一章
0~2个月,建立起最初的安全感

> **小知识**
>
> 小手的发展
>
> 6周大的宝宝,双手通常呈握拳的姿势。即便他的头转向手的一方,他也不会看。在6~14周的时候,宝宝才开始注视自己的手。有时是单独注视,有时是用手触摸附近物体的时候注视。
>
> 到3个月的时候,宝宝会每次注视自己的手5~10分钟,并且每天注视好几次,这种对手和手指越来越关注的新习惯,通常出现在宝宝具备了视觉聚焦和能够形成三维图像的能力之后。
>
> 当宝宝快满3个月的时候,他能把一根手指放到嘴里吸吮,而以前他只能吸吮整个拳头。

吮吸手指,用手活动和摸索对孩子的大脑发育很关键。玩自己的手、把手放进嘴巴里,是宝宝头3个月爱玩的游戏之一,而且这个游戏对他来说很重要。宝宝有时候会通过"吃手"的方式来寻求自我安慰,获得心理上的满足。这是宝宝还在妈妈子宫里时就学会的"技能",如果吸吮的需求得不到满足,宝宝会很容易感觉焦虑和不安。

宝宝对自己的手探索得越充分,他的手指就越灵活。对于新生儿来说,玩手意味着正在学习着为以后更自由地探索打下基础。等到他可以爬行的时候,他就能自己去抓取看到的东西,并且进行探索。

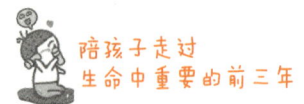

因此,我们应该避免给宝宝使用婴儿手套。我们只需要及时帮宝宝把手指甲剪短就可以了,这样宝宝就不会抓伤自己了。父母可根据新生儿指甲的长短、指甲生长的速度来决定剪指甲的次数,一般每周1~2次即可。

安抚奶嘴,用还是不用?

要不要给宝宝使用安抚奶嘴,一直是一件备受争议的事情。无论是医生、父母、教育者还是心理学家,各个领域的人对给宝宝使用安抚奶嘴都有不同的意见。

许多机构认为,适当地使用安抚奶嘴可以有效安抚宝宝,有一些研究还指出,早产儿吸吮安抚奶嘴可以帮助其健康成长。而安抚奶嘴的反对者们则认为,宝宝使用安抚奶嘴弊大于利。

支持使用安抚奶嘴的理由	反对使用安抚奶嘴的理由
·缓解宝宝焦虑、烦躁的情绪 ·降低婴儿睡眠猝死综合征风险 ·满足宝宝的吸吮需求 ·促进宝宝快速入睡	·使宝宝混淆乳头,影响母乳喂养 ·过度使用会影响牙齿和口腔发育 ·过度使用会影响孩子语言的发展 ·影响宝宝表达的欲望 ·可能会增加宝宝患中耳炎的概率 ·使用过度会让宝宝产生依赖

作为父母,我们既希望安抚奶嘴可以起到安抚宝宝的作用,但是又担心安抚奶嘴会让宝宝产生依赖,甚至引发其他不必要的隐患。那么到底要不要给孩子使用安抚奶嘴呢?我来分享两个原则性的判断方法。

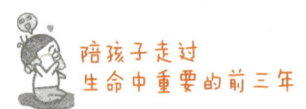

1. 是否给孩子使用安抚奶嘴，从两个方面来判断

（1）关注孩子是否有强烈的吸吮需求

如果你的宝宝对吸吮有非常强烈的需求，比如吃饱之后，还仍然表现出焦虑的情绪，还想要继续吸吮。

这个时候或许孩子并不是没有吃饱，他只是喜欢吸吮的感觉，而这种感觉会让孩子认为自己被安抚着。那么，我们可以适当地给孩子使用安抚奶嘴。

（2）关注安抚奶嘴是否影响了我们回应孩子的方式

对于可以让父母非常轻松的"育儿神器"，我们需要保持一定的警惕。

如果你发现，宝宝哭了，我们的第一反应是"安抚奶嘴在哪里？我要赶快把它找出来给宝宝"，而不是靠近宝宝，看看他怎么了。那么安抚奶嘴就没有起到让亲子关系更和谐的作用，它反而成了建立亲子关系的障碍。

安抚奶嘴是一把双刃剑，它可以让父母带娃更轻松，但同时我们也需要看到过度使用安抚奶嘴时带来的弊端。

因此，安抚奶嘴不是一个照顾宝宝时必选的物品。如果我们准备给孩子使用安抚奶嘴，需要注意一些要点。

2. 给宝宝使用安抚奶嘴时要注意三点

（1）避免混淆乳头

在宝宝出生的头两周，我们应该避免给宝宝使用安抚奶嘴。因为宝宝刚出生，此时的重点是多创造机会让宝宝吸吮妈妈的乳头，让宝宝学习如何用正确的姿势含乳、吃奶。如果过早使用安抚奶嘴，会让宝宝把安抚奶嘴和妈妈的乳头混淆起来，不利于妈妈顺利用母乳喂养。

如果你的宝宝对吸吮的需求真的非常强烈，那么也尽量在宝宝两周后，母乳喂养比较顺利之后给宝宝用安抚奶嘴。

（2）避免过度使用

给宝宝使用安抚奶嘴的时候，还要注意使用的频率和方式，避免过度使用。宝宝哭泣的时候，我们要先关注他的需求，而不是第一时间给安抚奶嘴。以下有两个场景，是需要关注的：

①在宝宝睡着后记得将安抚奶嘴取出，不要让宝宝含着安抚奶嘴入睡。

②避免长期将有奶嘴的奶瓶当作给宝宝喂水的水瓶。

在宝宝2个月之后，吸吮的条件反射会逐渐消退，他们对吸吮的需求不再那么强烈了。因此宝宝2个月后，我们就应该有意识地减少使用安抚奶嘴的频率，避免让宝宝养成不良的习惯。

（3）确保安全、合适

①找适合宝宝年龄段的安抚奶嘴

②奶嘴应该是一体式的，不可以有可拆卸的部件，避免产生窒息风险

③宝宝6个月前,奶嘴要选择可以用高温清洗消毒的材质

3. 三个技巧,平稳戒掉安抚奶嘴

(1)使用带凸起的橡胶球代替安抚奶嘴

带凸起的橡胶球不仅可以满足宝宝抓握和吸吮的需求,同时其形状不能完全充满宝宝的口腔,可以有效避免宝宝唇齿发音和脸部形态发生改变。

(2)使用柔软的小方巾或安抚巾代替安抚奶嘴

一块巴掌大、薄薄的小方巾,是非常适合新生儿的玩具。宝宝可以抓在手里挥舞,也可以放进嘴里咬一咬。轻薄的布料在宝宝的脸上挥过时,宝宝还能感受眼前光影明暗的变化。

(3)多拥抱,多关注,给孩子足够的安全感

宝宝哭泣时,最需要的还是我们温暖的怀抱和轻柔的话语。宝宝吸吮安抚奶嘴,更多是想寻求安全感,而日常父母给予宝宝足够的陪伴和关注,可以帮助宝宝戒除奶嘴,与父母建立更亲密的亲子关系。

所谓的"哄睡神器",不仅无益,使用不当还有害

现在我们照顾孩子比以前更加便利了,我们也拥有了更多所谓的"育儿神器"。很多妈妈有了孩子之后,希望能有一点自己的私人空间,因此各种广告、各种"哄娃神器"应运而生了。

在我看来,现在很多母婴产品都披上了"帮助你更高效带娃"的虚假外衣,实际上这只是商家的广告策略和营销手段而已。我们在选择母婴产品的时候,更多需要考虑的是这些母婴用品,是否真的适用于孩子自然的发展阶段。

不合适宝宝的婴儿用品不仅无用,还会阻碍孩子自然运动能力的发展。

比如,婴儿摇摇躺椅,在上市的时候商家打的广告语就是——不可思议的哄睡神器。这简直直击妈妈们的痛点,许多父母都面临孩子"哄睡难"的问题。摇摇椅一经推出,广受父母的追捧。谁不想宝宝自己入睡呢?但是这种摇摇椅存在许多设计上的缺陷,使用不当甚至有可能造成严重的后果。

当孩子两个月左右会翻身的时候,摇椅凹陷的设计容易让孩子在翻身时,脸部陷在摇椅里面,造成窒息。美国儿科学会主席表示:这种有一定倾斜度的婴儿摇床会让婴儿的生命处于危险当中。

另外,这种躺椅有一些带有震动功能,声称可以更好地安

抚孩子入睡。但是如果孩子真的需要躺在震动着的椅子上才能入睡，那说明什么呢？我想这是一个不好的信号：宝宝产生了不正确的"睡眠依赖"。

关于入睡这件事情，并不是谁天生就会的。宝宝们需要逐渐学习自我安抚的技巧，从而学习如何自我入睡。他们真正需要的，是一个安静、熟悉，并且能放松下来的环境，以帮助他们更好地进入梦乡。

如果孩子每次都需要一个震动的摇摇椅才能入睡，会对孩子自我情绪的调整产生不良影响，给予孩子一个错误的信息：不停地动，才能帮助自己安静下来。

其实，对孩子来说，最好的安抚方式是成人的拥抱。

当孩子趴在妈妈的身上时，他可以感受到妈妈的心跳。当我们抱着孩子慢慢地走动的时候，能刺激孩子的前庭系统，孩子会感觉安全和舒适，并很快就能平静下来。

第二章

3～5个月，
发现自己的手，有目的地和世界互动

　　宝宝开始发现自己的手，并将小手放入口中探索。这不仅让他感觉放松，还能促进他和周围环境的互动。这个章节，我们会提到如何有效解决宝宝厌奶，了解宝宝爬行等成长发育的关键变化，怎样运用"镜子地板时间"、C字（M）字形袋鼠背带法，进阶版的多感官吊饰和"多环相扣"，帮助孩子成为更积极、更快乐的探索型宝宝。

第一节
4个问题，解读宝宝成长变化的关键期

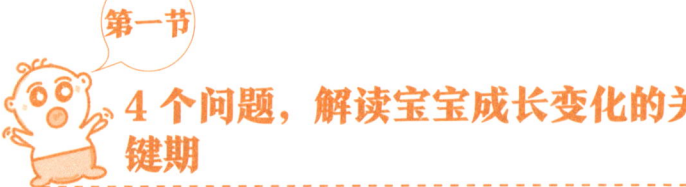

竖着抱还是横着抱？——父母照料方式不同，宝宝自信心发展大不同

抱宝宝，似乎是一件很简单的事情，然而婴儿虽然幼小，却可以从被抱起的姿势中感受到温度和爱。想想看，我们提一袋子土豆、抱一个枕头、拿起一块稀世珍宝，我们用的姿势是一样的吗？我们是否对待后者会更加小心翼翼？我们的姿势会传递态度，宝宝会通过我们抱他的方式感受自己是否被爱，从而产生对自我的信任。

抱起和放下宝宝的技巧，我总结为两个"不要"和三个"要"。

1. 抱宝宝的两个"不要"

（1）不要将婴儿摆成他们自己无法做到的姿势

在宝宝还没有学会自主抬头之前，应该避免竖着抱宝宝。因为小婴儿的脑袋重量几乎占整个身体重量的1/4，即使我们

用手托住宝宝的脖子或者让他们靠在我们的胸前，也只是卸掉了脑袋的一部分重量而已，宝宝的脊椎仍然会产生压力。

虽然3个月的宝宝脊椎发育已较为完善，差不多可以支撑起自己头部的重量，但是如果较长时间保持着竖直的姿势，宝宝仍会感到颈部和腰椎受到压迫。而对小宝宝来说，他无法通过自主的动作来改变竖直的姿势，他的焦虑只能通过哭泣来表达。

因此，对小婴儿，我们推荐多用横着抱的姿势，让宝宝的头部、颈部和脊椎可以被完全支撑起来。

平时在宝宝清醒的时候，可以让宝宝仰躺在软度适中的活动垫上（不要太软）。他的腰背可以感受轻微的压力，手脚可以自由地活动，这些都可以促进宝宝自主动作的发展。我们可以通过和宝宝说话，并在他身体的两侧放上一些吸引他注意力的小玩具，鼓励他转动自己的脖子，使得宝宝颈部的力量得到协调和锻炼。

逐渐地，宝宝会通过转动、侧翻自己的身体来拿到想要探索的小玩具。这样的方式比起我们将宝宝被动地"摆"成他还没有自然发展出来的姿势，宝宝更能自由地操控自己的身体，对自己的动作控制产生自信心。而生理上的自信，会潜移默化地转化为"不焦虑"的心理自信。

当宝宝可以翻身的时候，他们对解锁新姿势会更有信心。比如他们学习从"仰躺"到"趴着"。当宝宝趴着觉得累的时

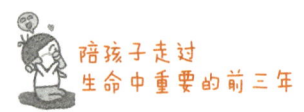

候，会通过转动身体，倒向一边，让自己可以得到适当休息。

（2）不要抖、摇、晃宝宝

很多大人喜欢一边抱着小宝宝，一边哼着歌谣晃个不停，殊不知，这样的举动实际是对小婴儿的伤害。因为当我们需要通过不断地摇晃宝宝才能让其入睡时，宝宝会养成习惯，以后每次入睡都需要摇晃。

而如果我们摇晃宝宝的动作幅度太大，可能会让宝宝的脑组织水肿，颅内压增高，引起"脑轻微损伤综合征"。

2. 抱宝宝的三个"要"

（1）要完全托住宝宝的头部、颈部和脊椎——C形抱姿

婴儿的脊柱是自然的C形，这和宝宝在母亲子宫里面的姿势是一样的。胎儿在子宫里面空间受限，是蜷缩在子宫里面的，身体的脊柱自然地变成C形。慢慢地，宝宝开始学习抬头，颈部肌肉逐渐形成，脊柱的第一个自然弯曲——颈曲，也在慢慢形成。由于宝宝的脊椎还未能直立，所以如果我们竖直着抱宝宝，容易让宝宝的颈部和脊椎受到损伤。因此抱宝宝时，我们需要完全托住宝宝的头部、颈部和脊椎，让宝宝呈现自然的C形姿势。

> **C 形抱姿五步骤**
>
> A. 慢慢地靠近,让宝宝看见你。
>
> B. 右手手掌放在宝宝的胸部,告诉宝宝你要抱起他。随后右手轻轻将宝宝往右侧翻一点。
>
> C. 左手胳膊放在宝宝的后颈下。
>
> D. 抽出右手,右手胳膊放在宝宝的屁股处托住宝宝,然后抱起宝宝,将宝宝靠近我们的胸前。

(2)抱起、放下宝宝时要提前告知他

每次移动宝宝的时候,如果我们能养成"提前告知"的习惯,宝宝会变得更专注、更有安全感,并愿意和我们合作。我们慢慢地移动到宝宝身边,温柔地让他知道我们在这里,并与他目光交流,然后提前告诉宝宝,我们想要将他抱起,比如"我要抱你啦"或者"我要抱你去某某地,看某某东西",宝宝会逐渐将语言和接下来的动作对应起来。

久而久之,当我们说"我要抱起你咯",宝宝就会预测到接下来会发生的事情,他们会变得更加平静,并且愿意和我们合作。宝宝也会在我们的言谈举止间,感受到我们对他的尊重和爱。

(3)抱起、放下宝宝时要给予宝宝反应的时间

值得注意的是,当我们告知了宝宝即将要发生的事情时,还需要稍微停顿一下,给予他反应的时间,然后再接着做抱起

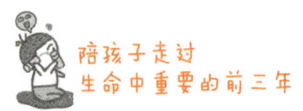

或放下的动作。

慢慢来,育儿不是赛跑,如果我们慢下来,会发现在我们说完话后,宝宝可能还会发出咿咿呀呀的声音,他甚至还会挥动小手、踢动小脚。这些都是宝宝与我们互动的方式。

3. 拍嗝

宝宝的胃部和喉部还没有发育成熟,因此特别容易发生吐奶的情况。小婴儿身体柔软,怎样拍嗝可以让宝宝更舒服、更安全,爸爸妈妈更容易上手呢?

我推荐两个拍嗝的方法,分别是"朝后竖抱拍嗝法"和"脸朝下趴大腿拍嗝法"。

(1)朝后竖抱拍嗝法

这通常是新手爸爸妈妈给宝宝拍嗝的简单方法。我们可以坐在一张可以向后倾斜的沙发椅上,使用一个沙发靠垫支撑腰部,把身体的重心尽量向后。把宝宝的脸朝向我们放在肩头,让他以斜着靠的姿势,将头部、脊椎的重心尽量分散在我们的身上。用同一侧的胳膊托住宝宝的屁股。然后用另一只手从下至上轻轻拍或抚摸宝宝的背部。

(2)脸朝下趴大腿拍嗝法

还有一种方式是,让宝宝的脸朝下趴在我们的大腿上,尽量靠近我们,让他感觉更稳。使用一只手固定宝宝,另一只手轻拍或抚摸宝宝的背部。

第二章
3～5个月，发现自己的手，有目的地和世界互动

宝宝先学坐还是先学爬？——每个孩子都有自己的发展进度表

> **小观察**
>
> 很多父母都有让几个月的孩子学着坐的经验。在我的孩子大概5个月的时候，我试过将一个U形的哺乳靠垫垫在孩子的背后，让孩子学着坐。孩子刚坐起来的时候很高兴，可能是因为坐着视野比较宽广吧，她很兴奋，发出咿咿呀呀的声音，感觉十分有趣。
>
> 但是没过十几秒，孩子的表情逐渐开始变得焦躁起来，嘴里发出哭闹的声音，双手还快速、用力地向下拍，似乎在说："我坐不住了，腰坚持不了！赶紧把我放下来吧！"

1. 先学坐还是先学爬？传统的认知可能都错了

中国有句老话叫作"七坐八爬"，但是其实这是因为我们人为地在孩子还不会坐的时候就将孩子立着坐起来。当我们特意去使用肌肉力量的时候，这项能力就会被锻炼出来。学坐也是一样，孩子的背部肌肉会提前髓鞘化，发展出"坐"的能力。

儿童行为研究人员观察了上千个孩子，提出经历自由活动发展而来的孩子，应该是先学会爬，再学会坐。一个没有

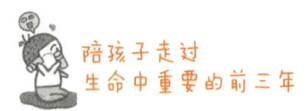

成人干预,在自由运动下发展的孩子,他们的大动作发展会非常自然、和谐。

在大动作自由发展的过程中,孩子依次学会的是"仰卧—侧卧—俯卧"。他会使用不同的方式"卷动"自己的身体,实现从"仰卧"到"俯卧"的自由切换。然后,孩子开始向前挪动和爬,接着是"坐—拉起站起—扶站—独自站—行走"。

当婴儿能运用膝盖的时候,就意味着他很快就能自己坐起来了。

刚开始的时候,他们一般采取"半坐"的姿势,经常会用一只手撑着地,来保持身体的平衡。慢慢发展到完全不需要用手支撑,就可以坐起来。在这之后,他们的身体不会因为支撑不起来而突然摔倒,也不会轻易磕碰到头。因为他们可以自如地在"坐"和"跪"之间转换动作。

宝宝爬和坐通常相隔的时间非常接近,有时这两个动作甚至是同时进行的。可能当我们观察到孩子学爬的时候,宝宝屁股往后一坐,就自己学会了坐。

2. 宝宝过早学坐的三大危害

(1)过早学坐,会增加宝宝受伤的概率

如果宝宝是自然学会坐,他会将手放在适合的位置,以改变和控制自己爬行的方向。在爬行一段时间,自己觉得累了之后,屁股自然向后坐,转换成休息状态,且动作

非常自然。

就像我们做运动一样，一个我们身体力所能及的动作，我们能控制得很好，那么我们做这个动作就很安全。相反，如果一个动作超过了我们本身力量所能承受的，我们很可能会受伤。

当孩子还不能控制和平衡好腰背部的力量时，我们需要扶着他，或者拿靠垫支撑他，才能避免孩子坐着不受到伤害。人为地立起来坐的孩子，他的身体没有太多练习的经验，没有办法跟随自己内在的感觉去摸索和发展，缺乏运用自己的力量找到姿势转换的要领。

（2）过早学"坐"，可能会让孩子跳过"爬"直接"站"

提前且经常处于人为学坐的孩子，他们的背部神经会提前髓鞘化，进而发展背部的肌肉。因此他们可能会在呈现坐姿的时候，直接拉起物品站立起来。

当他们站着开阔了视野，会刺激他们不断重复练习站这个动作，你可能会看到一个孩子无论碰到什么（沙发扶手、柜子、墙等）都想扶着站起来。然后他们就开始扶着东西站，向左右两边水平移动，直接跳过爬学着走路了。

我观察过很多不爬的孩子，这种情况有很大可能是父母以前提前让孩子靠着学坐导致的。

当然这并不是绝对的，你可能会说，许多孩子以前也学过靠着坐，但后来爬行也挺好。确实，每个孩子的动作发展都是独特的，动作的获取是他自己内在的秘密，我们也无从知道。

环境对动作的获取会有一些影响,但是事实上孩子动作的获取全凭他自己的感觉和经验,就算我们不教孩子坐,他最终也能习得这个动作。

> **格塞尔"双生子实验"**
>
> 1929年,美国心理学家格塞尔对一对双生子(双胞胎,基因各方面趋于一致)进行实验研究。他首先对双生子1和双生子2进行行为基线的观察,认为他们发展水平相当。在双生子出生第48周时,对双生子1进行爬楼梯训练,而对双生子2则不予相应训练。训练持续了6周,期间双生子1比双生子2更早地显示出某些技能。到了第53周,当双生子2达到能够学习爬楼梯的水平时,开始对他们进行集中训练,研究发现只要少量训练,双生子2就达到了和双生子1一样的水平。进一步的观察发现,在第55周时,双生子1和双生子2的能力没有明显差距。

双生子实验告诉我们:孩子的学习和发展取决于生理的成熟。在生理成熟之前的早期训练,对最终结果并不会有什么显著作用。而我们给孩子充足的时间去自由探索,他们最终也会达到发展的里程碑,同时在探索的过程中会显示出更大的学习兴趣和主动性。

孩子最后都能学会坐。与其让成人架着坐,不如孩子自己学会坐，让他坐得更自信、更安全，这样不是更好吗？

（3）过早学坐，影响孩子自主性和自信心的建立

当我们强行把不会自己坐的孩子立起来，教他学坐，那么孩子呈现出来的动作，只是成人想要的动作，并不是孩子自己想要做成那个动作。这个动作并不是孩子独立完成的，这在无形中夺走了孩子独立完成"坐"这个动作的机会，忽视了孩子体验能够做到一件事情的感受。

孩子不需要为这个动作付出努力，他丧失了努力的机会，丧失了为完成这个动作而需要做的肌肉练习而带来的内心的满足和喜悦。这无形中影响了孩子的自主性和内在自信心的建立。如果我们总是让孩子不需要努力，就可以获得更开阔的视野（帮孩子靠着坐、扶着走等），那么孩子可能就会对重复的动作失去兴趣，也不想去努力。

3. 关注这两点，比学坐更重要

不建议提前教孩子学坐，那么我们可以做些什么呢？我认为注意以下两点就可以了。

（1）多趴，感受身体的边界线

一个趴着的孩子，可以觉察到自己的位置，以及意识到自己与所在空间的关系。孩子只有了解了自己的身体和空间的关系之后，才知道如何在环境中安全地移动自己的身体。

在那之后，他才能做到更安全地翻身、爬走、站立、行走。孩子会通过在环境中慢慢挪动自己的身体，了解自己"身体的边界线"，从而做出更加正确的身体动作。

（2）给孩子提供自由运动的空间，感受"我能做得到"

给孩子提供一个软硬适中的垫子和不遮挡视野的空间，让孩子可以在上面自由运动。

当孩子还仰躺着的时候，他看到的通常是无聊的天花板和他眼前的事物；当孩子能翻身了，他视野的横向面积加宽，能看到更多的人、事、物；当他能够坐起来的时候，他视线的纵向面积加宽，范围更广了，他能看到更远处的事物；当他会走路的时候，所及之处都是他能探索的事物。

对于孩子来说，每做出一个新的动作，就可以让他看得到更宽广的世界。这会刺激他练习翻身、坐、爬行和行走。正是这样一种与生俱来地想要探索世界的欲望，让他自发地练习动作，发展更多的平衡能力。

宝宝突然不吃奶了？——烦人的"厌奶期"，孩子需要暂停一下

很多孩子在 2 ~ 3 个月时，会出现食量突然减少的问题。这是为什么呢？

1. 宝宝厌奶的两大原因

（1）宝宝的肠胃需要"休息"

在孩子 3 个月之前，肠胃一直是高速运转的，孩子容易产生疲劳，在 2 ~ 3 个月的时候，可能会出现吃奶的频率和量降低的情况。这是宝宝的胃需要"休息"的表现，是他自行调整对食物的需求的结果。也有许多人将这种情况称为"生理性厌奶"。

其实这种情况不能算是真正意义上的"厌奶"。我们可以观察孩子各个方面的情况，如果孩子精神状态好、尿量也正常，体重的增长曲线图也处于比较正常的水平，那么宝宝食量突然减少，是不用太多干预的，一般情况下顺其自然地过 1 ~ 2 个月后就会有所好转。

（2）宝宝生理发展的正常表现

2 ~ 3 个月的孩子，和月子里的宝宝已经不同了。已经有一部分宝宝可以在夜间睡 6 个小时不吃奶，他们的成长需求决定了这样可以促进他们成长发育。因此宝宝 6 个小时不吃奶也是扛得住的，父母不用为孩子是否会饿着而担心。

> **孩子要吃多少奶才够？**
>
> 美国儿科协会研究表明：婴儿的体重与每日食量的关系为每 453 克对应 75 毫升。但是孩子可能会根据个体需求不断调整食量。所以不要太拘泥于某个定量，而是让宝宝来告诉我们他是不是"吃饱了"。

孩子吃奶的量是有一定的浮动的，并不是昨天可以吃完 100 毫升的奶，今天只吃了 60 毫升，明天也只吃了 60 毫升，我们就说孩子是厌奶。我们成人也有上个星期胃口好，吃得比较多，但是这个星期不知道怎么就胃口不好，吃得少的情况。没有一本书可以确切地告诉你宝宝每次应该吃多少，多长时间吃一次。但是随着父母和宝宝互相了解，父母会逐渐找到明确的答案。

2. 宝宝"厌奶"严重，六大措施来帮忙

如果孩子因为厌奶使得生长发育受到了一些影响，我们确实应该采取一些措施。

（1）多观察，尽量抓孩子的饥饿信号

很多孩子在饿的初期，都会咂嘴巴，或者张嘴，将头转向两边，出现觅乳反射。这个时候试试给孩子喂奶，成功的可能性会较大。

第二章
3～5个月，发现自己的手，有目的地和世界互动

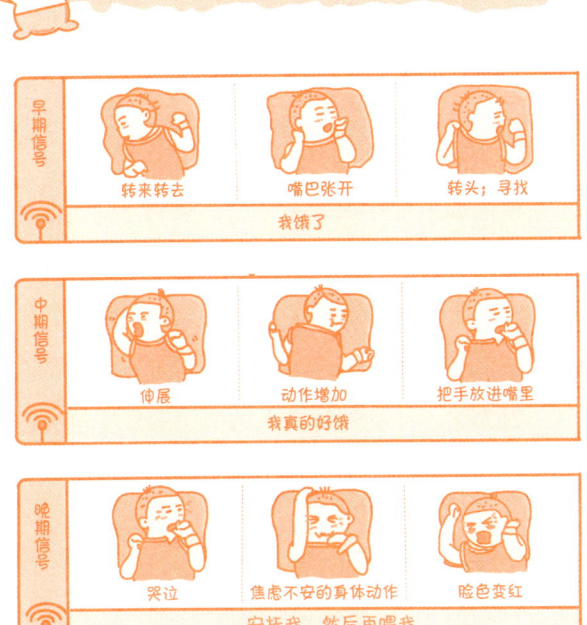

（2）让孩子主动含乳

可以将奶头或奶嘴靠近孩子的上嘴唇，如果是母乳喂养可以先挤一两滴奶挂在乳头上，点一点孩子的嘴唇，鼓励孩子自己含乳，不要强塞进去。用奶瓶也是一样的道理。

（3）检查奶嘴孔的直径

如果孩子是瓶喂，父母需要观察奶嘴孔的直径是不是太小

了，孩子很难吸出奶来。每个孩子的吸吮能力都有所不同，如果孩子每次都很难吸出奶来，吸吮不畅，他或许就不想再尝试了。我们可以尝试着换不同的奶嘴或尺寸。奶从奶嘴孔流出的比较理想的速度是1秒1滴，滴不出来或者滴得太快都会让宝宝感觉不舒服。

（4）使用一把固定的喂奶椅

尽量给自己和宝宝提供一个专门的喂奶空间。喂奶椅是一个很好的工具。我母乳喂养宝宝到2岁8个月，喂奶椅帮了我不少忙。因为不仅孩子需要一个安静的吃奶空间，妈妈的需求也很重要。如果妈妈是放松的，那么无论是亲喂还是瓶喂都会变得容易。因为除了环境外，成人的情绪和反应也会影响孩子吃奶的意愿。

喂奶桌和喂奶椅

当孩子发出饥饿的信号时,我们就带着孩子坐到喂奶椅上,给孩子喂奶,并且坚持只在喂奶椅上喂奶。孩子会慢慢意识到:来到这个特定的地方,他的需求是可以得到满足的。虽然他还没有吃到奶,但他来到这个区域就已经不哭了,他会学会自我安抚。使用喂奶椅也可以帮助孩子养成良好的吃奶习惯。

如果家里没有足够的空间,可以在床上喂奶。但是肯定没有专门有一个喂奶的地方那么理想,因为小婴儿容易混淆"吃奶"和"睡觉"。

在这把喂奶椅子里,宝宝可以看到妈妈的眼睛,这是最好的交流方式,是给孩子爱和安全感的好机会。

(5)少量多餐

孩子饿了,想吃就会吃。这次不吃,我们可以带孩子在活动区域玩一玩,或者抱着他去外面看看花草树木,一会儿再试试看。带宝宝转换环境稍做调节,这样孩子和成人的情绪都会好一些,孩子情绪好了就容易接受吃奶。

(6)必要时可以把辅食提上日程

关于辅食,美国儿科学会的研究是,在孩子不过敏的情况下,4～5个月可以开始添加一些辅食。如果你的孩子有过敏的情况,最好不要在孩子6个月之前添加辅食。

如果你的孩子厌奶十分严重,生长发育图表也出现了低于平均线的情况,那么这个时候把辅食提上日程或许是一个好的

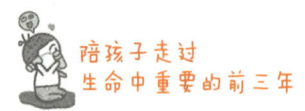

选择,但要注意在孩子对食物不过敏的前提下。当然,孩子还是以奶为主,辅食也只是一天1次。或许他尝到不同的味道,会对吃这件事产生比较好的感觉。

3. 避免强迫性喂食,吃奶是有价值的社交经验

强迫喂食对任何年龄的人来说,都是令人感觉糟糕的事情。

想一想,你会喜欢别人在没有经过你同意的情况下把食物或者其他任何物品塞进你的嘴里吗?嘴巴是我们身体的开口,"开口"指的是我们头部五官的七孔,加上排泄和生殖管道。这些开口都是我们与外在世界的边防线,我们必须掌握他们,否则便会失去安全感。

喝奶对宝宝来说,不仅仅是为了生存,同时也是开启人类社会生活的一种方式。

宝宝吃奶的时候,需与他人互动。这是他最重要、最有价值的社交经验。

如果按照很多传统意义上的喂养方式,每隔3个小时就喂孩子一次奶。这样的方式其实没有顾及新生儿胃的大小、吸吮的力度,以及妈妈产奶的情况。对妈妈和宝宝来说都是没有好处的。

因此,我们应该给孩子提供时间和空间,按孩子的需求来哺乳。孩子可以依照自己的需求,尽可能地靠在妈妈的胸前,

吸吮乳汁、听母亲的心跳、感受母亲的拥抱以及母亲温暖的身体，让孩子可以获得与人互动的满足感。

当孩子生理和心理上的需求都得到满足时，孩子会很快乐，并且会积极寻求人际关系相处的乐趣。

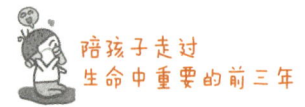

要不要制止宝宝吃手？——发现自己的手，自我认知和口欲期的新探索

手是人类最美的乐器和工具。当人类的双手准备好了，大脑就准备好了。

宝宝刚出生的时候，眼睛就能看见了，虽然看东西模模糊糊，但能分辨光、形状和动作，双手则呈紧紧握拳的姿势（反射性抓握）。他们无意识地挥动自己的手，并且动作不受自己控制。慢慢地，在宝宝2~3个月的时候，他们对观察自己的双手会表现出非常浓厚的兴趣。如果不干扰宝宝，他们每次会专注注视自己的手5~10分钟。不用担心宝宝会不会看出"斗鸡眼"，这只是这些小生命们发现了自己神奇的双手（手眼协调）。对宝宝来说仔细观察自己的双手是很重要的，因为这为双手之间的协调互动，以及未来手部精细肌肉的操控能力奠定了基础。

宝宝对手的探索包括四个阶段。
①发现、看见自己的手。
②吃自己的手（通常是大拇指或者两三根手指）。
③用手抓起身边能拿到的物品，并放进嘴里探索。
④换手（将物品从一只手，转移到另一只手）。

宝宝观察和玩弄自己的手的次数越多，手指就越灵活，你很快就会发现孩子能拿到的所有东西都成了他口中探索的

"挚爱"。比如软软的桌布、会发出响声的面巾纸包装、五颜六色的塑料袋、长长的窗帘绳，还有大人的眼镜、手机和遥控器。

宝宝特别喜欢把东西放进嘴巴里探索，还"品尝"得津津有味。如果我们把宝宝手里的物品拿走，他还会用哭闹来抗议。

1. 宝宝吃手、把东西放进嘴巴里探索的两个原因

孩子的行为和大脑的发展是息息相关的。他们探索物品、做出动作是为了获得技能。总的来说，宝宝喜欢把东西放进嘴巴里主要有两点原因。

（1）宝宝正在经历口欲期

我们的嘴巴有一个重要的使命，就是感知外在的世界。最开始的时候，宝宝用嘴巴发出哭声，引起父母的关注，接着宝宝会用嘴找到母亲的乳头，吸吮乳汁让自己生存下来。

慢慢地，宝宝会通过吃手、吃脚来探索自己的身体。宝宝在焦虑不安的时候，吃手还可以让他感觉安全舒适，做到自我安抚。宝宝学爬的时候，他探索的东西就更多了。

美国明尼苏达大学教授朱迪恩·加勒德博士认为："宝宝习惯用嘴去感觉事物，这是他们了解外部世界的一种途径，也是他们自我放松的一种方式。"

因此，把物品放入嘴里探索，是宝宝生长发育必经的

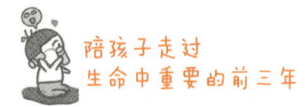

一个阶段。当宝宝逐渐意识到自己可以用手拿到更多的物品，并且能良好地使用和操作时，用嘴探索物品的次数就会越来越少。宝宝2岁左右时，就很少会把不能吃的东西往嘴巴里放了。

（2）宝宝正在经历长牙阶段

开始长牙，也是孩子喜欢吃手指、把玩具放入嘴巴里探索的原因。出牙一般是不疼的，但有些宝宝会感到不舒服和烦躁。小宝宝无法用语言表达自己的不适，而咀嚼一些冷的、硬的东西能缓解孩子出牙时牙龈的不适。

口欲期其实也是宝宝积极开启感官探索的敏感期。如果这个阶段宝宝的需求能够得到积极的满足，他们感知世界会更敏锐、更主动。

2. 帮助宝宝顺利地度过口欲期的五个原则

（1）移除危险的物品

检查我们的家庭环境，宝宝能触碰得到的地方，有没有不适合他玩耍的危险物品？与其告诉孩子"不可以"，还不如将这些危险的物品收起来，或者放在孩子拿不到的高处。刚刚学习爬行和学步的孩子，是不能区分什么东西是"安全"的，什么东西是"不安全"的，他们只会把自己好奇的物品放进嘴里"品尝"。

当他们学会扶物站立的时候，我们还需要检查是否有垂下的物品，比如桌布。避免孩子拉着桌布站立的时候，桌布上的物品掉下来伤到孩子，造成不必要的危险。

（2）保持环境卫生和整洁

注意宝宝手部的卫生，我们可以用流动的水把宝宝的手清洁干净，也可以用干净的棉柔巾、细纱布巾沾上干净的水帮宝宝把手擦拭干净。如此，宝宝就可以自由地把手放进嘴巴里愉快地探索。

宝宝触手可及的东西都要保证足够的干净和整洁，尤其是宝宝的玩具，最好是每天都简单擦拭一下。避免使用高浓度的消毒剂，以免消毒剂残留在玩具上给宝宝造成危害。

（3）满足孩子探索的欲望

我们很容易就可以为孩子提供丰富的感官刺激，这并不需要任何昂贵的设备。我们可以给宝宝提供一个篮子，里面装上两三个干净的水果，如柠檬、苹果、梨子，让孩子闻一闻、摸一摸。这种方法不仅安全，而且孩子还可以体验不同的质感，看见不同的颜色、触摸不同的形状、品尝不同的味道。

我们还可以给宝宝提供一些方便小手抓握的牙胶和小玩具，满足孩子口欲期探索的需求。

（4）父母要注意态度

当宝宝把危险的东西放进嘴巴里时，我们可以温和地将孩子的手拿开，告诉他不可以触碰或者不能放进嘴巴里。但是因为我们需要鼓励孩子去触碰其他的物品，所以要避免说"不要碰"这样的话，而要说"不要吃这个花""不要吃树叶"这样

具体的话来指导孩子,以免孩子感到困惑。

当孩子的手越来越"功能化",孩子就会从口的敏感期慢慢过渡到手和动作的敏感期。

第二节

8个技巧，培养愉悦而主动的宝宝

"地板时间"和镜子——从了解自己到了解世界

在家里开辟一个小区域，宝宝睡醒后可以在这个小区域里玩耍。在这个固定的小区域里，靠墙铺上一块软硬适中的垫子，供宝宝在地板上自由活动。在这个区域玩耍，我们可称为"地板时间"。在垫子的一侧墙面，固定一块横放的镜子，宝宝可以在这个小区域里看吊饰，也可以在这里趴着练习自由运动，还可以从镜子里看到更广阔的空间。

在这个小区域里，他的眼睛、鼻子、耳朵和指尖都变得敏感起来，感知和接受着周围的事物。

1. 使用镜子，有四个好处

（1）从环境中得到自我反馈

在活动空间里，宝宝需要眼睛和身体相互配合。通过镜子，宝宝可以观察自己的身体是如何移动的。几个月的宝宝还不能分清楚镜子中的小朋友就是自己，但是他会发现，自己做

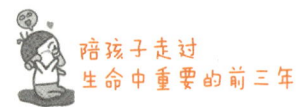

什么,镜子里的宝宝也做什么。这也是环境给予宝宝的一个正向反馈。

(2)观察到更广阔的空间

还没有解锁爬行技能的宝宝,视野相对比较受限,只能依赖大人,才可以看到更宽广的空间。但是通过镜子,宝宝可以自主观察到更广阔的空间。

(3)给予孩子独立的、能自由活动的空间

在"地板时间"里,宝宝不再被大人紧紧抱着,而是有了可以独立玩耍和自由活动的空间,他能够观察自己的身体是如何协调运作的。

(4)帮助孩子发展秩序感和安全感

这个活动区域,与宝宝吃奶、睡觉的地方都不同,是宝宝专门玩耍、活动的地方。对于小年龄段的宝宝来说,活动空间越固定,越能让其产生秩序感。这种秩序感可以帮助宝宝预测接下来会发生的事情,使宝宝作息更规律,内心更有安全感。

第二章
3～5个月，发现自己的手，有目的地和世界互动

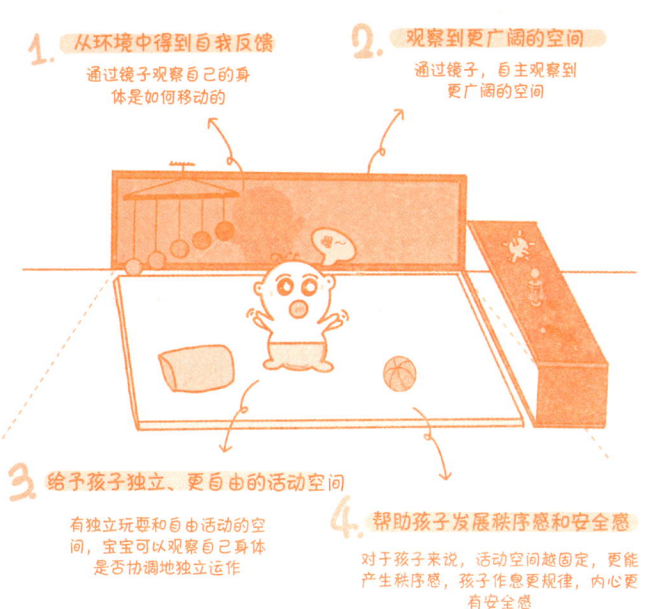

使用镜子的四大好处

1. 从环境中得到自我反馈
通过镜子观察自己的身体是如何移动的

2. 观察到更广阔的空间
通过镜子，自主观察到更广阔的空间

3. 给予孩子独立、更自由的活动空间
有独立玩耍和自由活动的空间，宝宝可以观察自己身体是否协调地独立运作

4. 帮助孩子发展秩序感和安全感
对于孩子来说，活动空间越固定，更能产生秩序感，孩子作息更规律，内心更有安全感

2. 要注意的四点

①镜子需要上墙钉好，并且足够稳固。

②垫子软硬要适中。

③使用足够大的镜子，最好与活动垫长度相当。

④这是一个给予孩子独立玩耍的空间，但不代表大人可以

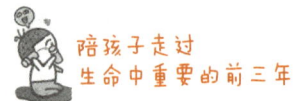

离开。

3. 两个延伸活动

①镜子旁可以准备一个敞开的两层柜子,如果在客厅,也可以用电视柜代替。在这个柜子里放几个孩子最喜欢的玩具。

②在孩子学着扶物站立的时候,可以将镜子从横放调整为竖放,这样可以帮助宝宝更好地看到全身是如何协调运动的。在镜子的两侧可以加一条稳固的横杆,宝宝可以学习扶物站立。

家庭日用品篮——每一个物品都有一个名称

生活,就是宝宝最好的早教。从小小的摇篮到认知世界,宝宝总是先从家庭中最常见的事物开始,逐渐去探索更广阔的世界。而语言认知和动手掌控的技能,则是宝宝探索世界的两把重要的钥匙。

我推荐使用家庭日用品篮,作为宝宝学习语言和开发智力的启蒙小游戏。

准备一个精致小巧的篮子,里面放置3~4个宝宝可以接触的日常生活用品。比如,短柄的木勺子、蜂蜜棒、小罐子、完全密封的宝宝乳液瓶等。当宝宝拿起物品玩耍时,我们可以自然地说出物品的名称。这就相当于给予宝宝学习语言的经验,让他知道,每一个物品都有一个名称。

与此同时,宝宝可以练习抓握的动作,学习如何传递物品,把东西从一只手换到另外一只手。

因此,家庭日用品篮并非只是一个普通的玩具,更是一个能对宝宝的语言和精细动作起到教育意义的工具。

你的宝宝可能还会将这些小物品饶有兴趣地放入嘴里探索,因此,给宝宝提供的物品,必须要经过我们的筛选。

1. 家庭日用品篮里的物品筛选原则

物品筛选原则	目的
选取的物品是生活中宝宝会用到的东西	帮助宝宝把物品名称和相应的物品对应起来，为以后宝宝口语表达奠定基础。 例如，对宝宝说"请把勺子递给我"，并指着勺子示意宝宝
比较小，适合宝宝用手指抓握的尺寸	鼓励宝宝锻炼小手的精细肌肉。 例如，这些物品会帮助宝宝做出抓、捏、换手、敲等动作
物品要光滑、安全、没有可拆卸的零部件	鼓励宝宝进行多感官探索。 例如，"小小的木勺子，摸起来粗粗的；不锈钢的小勺子，摸起来冰冰凉凉的"

2. 延伸活动："已知物品篮"，帮助宝宝自己做选择

"宝宝，你可以把勺子给妈妈吗？"

当宝宝对物品比较熟悉了，并且可以将相对应的物品递给你的时候，我们可以将这个物品放在另外一个"已知物品篮"里区分开来，并在"家庭日用品篮"里补充新的物品。

这样区分可以带来三点好处。

①让宝宝对"家庭日用品篮"里的物品保持认知新鲜感和兴趣度。

②通过选择"已知物品篮"里的物品，培养宝宝自己做选

第二章
3～5个月，发现自己的手，有目的地和世界互动

择的能力。

③宝宝会学习自主放手，把不喜欢的物品放下，拿起自己真正想要的物品。

宝宝在刚出生的时候，并不会自主放手，无论是什么物品，他经常都是紧紧地握在自己的手心里。随着宝宝生长发育，他可以能动地区分"这是什么""我想要什么"。

如果宝宝的手已经抓握住了物品，无法抓取其他东西来探索了，这时对他来说放手就是拥抱新事物。"已知物品篮"里有限的小物品，都是宝宝熟悉的，正好可以帮助宝宝在有限的物品里做出自己的选择。而独立，首先就是能够自己做决定。

进阶版吊饰——提供手、眼、足三者协调合作的最初经验

大约在宝宝3个月的时候,会不再满足单纯的观察。他们不仅喜欢用眼睛看,还喜欢用手和脚进行抓握、触碰。

因此在宝宝3~4个月的时候,我们可以给他提供能够触碰和聆听的吊饰,这样可以丰富孩子的触觉和听觉经验。我们只需要将吊饰稳固地悬挂在孩子前方,就会收获一个手舞足蹈、想要触碰吊饰的积极探索的孩子。有三种进阶版的吊饰可以提供给宝宝:三色球体吊饰;布条悬铃吊饰;布条悬环吊饰。

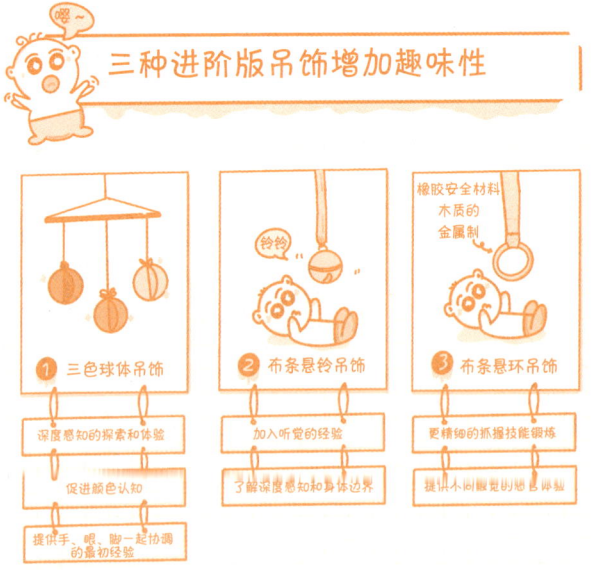

这组进阶版的吊饰和新生儿吊饰最大的区别在于以下两点。

①基础版的新生儿吊饰主要用来给宝宝观察,悬挂的位置较高;进阶版的吊饰是悬挂在孩子胸前能够用手够得到的位置的,宝宝可以抓握并放进嘴里探索体验。

②进阶版的吊饰,增加了一条具有弹力的松紧带。宝宝在触摸时,吊饰会有弹性和节奏地摇动,增加了探索的趣味性。

下面我们就来分别介绍一下这三种吊饰。

1. 三色球体吊饰

我们在一根较粗的小木棍上挂上红、黄、蓝三原色的木球体,并使用胶水粘牢。木棍的两头用两条棉线连接,尾端固定在一条松紧带上。将它挂在孩子仰躺时挥手够得到的地方,这样一个简单的三色球体吊饰就制作完成了。

吊饰作用

①进行深度感知

②促进颜色认知

③提供手、眼、脚协调合作的最初经验

三色球体吊饰使用小贴士

①挂在中间球体的线最长,挂在两边球体的线较短,可以给孩子提供抓握不同高度物品的体验。

②宝宝更容易看见对比度强的红色或蓝色,因此中间的球体优先选择这两个颜色,如此,宝宝能够顺着明显的颜色观察

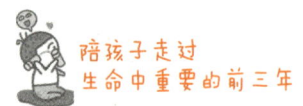

到对比度较弱的黄色。

③宝宝的抓握力气很大,所以务必要将吊饰挂稳。在天花板上挂一个挂钩,悬挂一条延长线,可以方便悬挂和更换吊饰。

④吊饰有小零件,宝宝探索吊饰时需要大人的陪同。

随着孩子的发展,我们会发现孩子的视觉和抓握能力逐渐协调。这是一个很棒的发展里程碑,这意味着孩子意识到了自己的手,并且开始进行深度感知——我的手要伸多远,才能够到物品呢?

2. 布条悬铃吊饰

布条悬铃吊饰就是在一条漂亮的丝带上挂上一个大铃铛,丝带的一头连在松紧带上,挂在宝宝胸前的位置。

吊饰作用

①加入听觉的经验。

②了解深度感知和身体边界。

宝宝很快会发现:自己小脚一踢,能听见铃铛清脆的声音,小手一抓,就可以够到铃铛。孩子会非常乐于触碰、抓握布条悬铃吊饰上的铃铛。不固定、摇摆的布条增加了孩子触碰铃铛的难度和趣味性。他们甚至会不时踢动自己的小脚丫,就为了触碰布条悬铃吊饰上的铃铛,听到清脆的铃声。

这些都为孩子提供了手眼协调、手脚协调的最初经验,同时能帮助孩子了解深度感知和身体的边界线。最重要的是,这种喜悦的感觉会丰富孩子的感官和动作，让他产生安全感，保持对世界的好奇心。

3. 布条悬环吊饰

宝宝的小手抓握能力变得越来越好，他们能够协调使用手指和手掌的力量握住小环。使用一个大约内径为 7 厘米的小环，用一条颜色漂亮的丝带挂起小环。丝带的一头连在松紧带上，悬挂在宝宝胸前的位置。

吊饰作用

①更精细的抓握技能锻炼。

②提供不同触觉的感官体验。

布条悬环吊饰不仅可以让宝宝抓握，宝宝还可以放到嘴里探索。因此我们可以选用不同材质的小环，如木质的、金属的、橡胶的等安全材料，给予宝宝更多的感官探索和体验。

扫码关注【玫瑶老师】，回复关键词"进阶吊饰"，查看吊饰的更多实物图和系列文章。

小小的背巾——让孩子变身"袋鼠宝宝"看世界

背巾是所有宝宝用品中最值得被推荐的单品。当大人把宝宝用背巾背在胸前,并缓慢地移动,宝宝很容易被安抚。

正如英国神经生理学及神经心理学博士萨利·戈达德·布莱斯在他的著作《平衡良好的孩子》中提道的:

轻柔的前庭刺激有助于让婴儿温和平静,让孩子更快进入睡眠。

要想很好地使用背巾就要学会正确的绑法,并且保证宝宝的脸是朝内的。目前市面上的背巾种类各异,总体来说,使用背巾需要遵循两大原则。

1. 使用背巾的两大原则

(1)宝宝还不能很好地控制头部肌肉时,采用C字形背巾法

C字形背巾法也称为摇篮法,我以软布类的背巾为例,带环和不带环的都可以,将背巾调整成袋状,把宝宝装入袋中。让宝宝的头颈部、脊椎、臀部、大腿都可以被完美地支撑。宝宝的身体呈一个C形,这个姿势对于脊椎还没有发育完全的宝宝来说,不会让脊椎被强行拉直,造成损伤。

C 字形背巾法应用的场景很多，不仅可以解放父母的双手，让宝宝窝在父母的怀抱中，还可以在带宝宝外出时，当作可遮挡的喂奶巾使用。

使用 C 字形背巾法需要注意将宝宝的脸部和小腿从背巾里露出来，同时确保婴儿的口鼻不被遮盖或者捂住。此外，不要长时间使用，避免对大人的肩颈、腰脊造成太多压力。

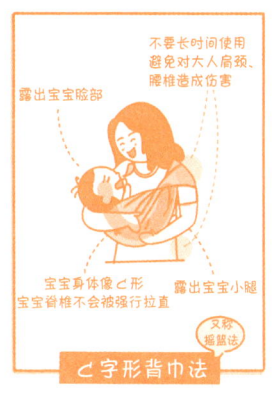

(2) M字形背巾法

M字形背巾法，适合至少3个月以上的宝宝，可以使用到2岁。这种背法可以保证当孩子坐在背带里时，大腿像青蛙一样打开，膝盖弯曲，呈"M"形。宝宝骨盆倾斜，背部弯曲，屁股低于膝盖。双腿呈M字形遵循宝宝的生理发育特点，有利于骨骼的健康生长。

上图右边是M字形背巾法的正确示范，从图中我们可以看到，宝宝的大腿是最主要的受力点，而髋关节受力较少，这种方式对宝宝骨骼的发育最为安全。若宝宝的身体力量受力点集中在髋关节，髋关节脱臼的风险就会提高。除了标准式M字形，还可以根据宝宝的喜好和妈妈的需求调整为侧坐式M字形。

2. 如果宝宝睡着了

有一部分家长发现，宝宝在背巾里很容易睡着。这和背巾狭小的空间（和在子宫里一样）以及宝宝能听到妈妈的心跳声，缓慢走动时带给宝宝的前庭刺激都有关系。从这个角度上讲，背巾还真是宝宝的"哄睡神器"。

值得注意的是，我们要尽量在宝宝眯着眼睛，快要入睡的时候就将他放上床，而不是等宝宝完全睡熟了再放。如此，我们就可以让宝宝把睡眠和床关联起来，逐渐学习在床上自主入睡。

我比较推荐大家使用软布料结构的背巾，因为可以在不解开背巾的情况下把宝宝放到床上睡觉。

不解开背巾放下宝宝，有五个技巧。

①俯身先把宝宝的头和身体放在床上。

②停留一会儿，让宝宝熟悉在床上的感觉。

③将手从背巾里抽出，接着，身体离开背巾。

④宝宝的背巾不用取出，可以盖在身上当成小毯子。

⑤可以打开空调或者给宝宝盖上小毯子，调整睡眠环境的温度。

婴儿健身架——看、踢、抓样样精通

婴儿健身架是一个非常实用的宝宝玩具。大约在宝宝3个月的时候，我们可以将宝宝仰躺在婴儿健身架的下面，宝宝可以运用手腕和手指的力量抓、握、转、拉，逐渐让手和眼睛相互配合，协调工作。挥动的小手在抓握摇摇摆摆的玩具时，还可以增强宝宝手臂肌肉的力量。

有一些健身架的底部还会有音乐键盘，宝宝踢动时会发出悦耳的声音。刚开始的时候，宝宝并不知道这个声音是自己踩音乐键盘发出来的，慢慢地，宝宝在不断地重复中开始意识到自己的"主观能动性"——咦，我一踩，就会有声音！我再踩一次，声音会再一次出现！这个声音就像一个积极、肯定的信号，让宝宝在"再确认"的过程中收获自信，乐此不疲地重复探索。

婴儿健身架上悬挂的小物品，通常是能促进宝宝视觉、触觉、听觉等不同感官发展的物品，比如环形的、球形的、反光的、响声纸的，让宝宝保持对世界的好奇心。

在宝宝学爬的时候，健身架上的小物品可以取下来。我们将小物品放在宝宝的前方，鼓励他自己伸手够一够、抓一抓。宝宝会对这些颜色鲜艳、形状各异、不同材质的小玩意感兴趣。

使用婴儿健身架需要注意以下两点。

①婴儿健身架上悬挂的小物品要系紧,避免宝宝用力拖拽时掉下来被砸伤。

②尽管宝宝可能会很专注地玩健身架上的玩具,但是父母不可以离开,不能留下宝宝独自一人玩耍。

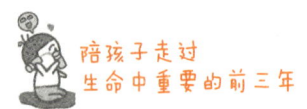

飘荡的小泡泡——锻炼视觉追踪和手眼协调的欢乐神器

五彩斑斓的泡泡,是每个孩子童年彩色的回忆,不仅为低龄的孩子带来欢乐,还是很好的感官游戏,能促进孩子多元发展。

1. 泡泡游戏的三点益处

(1)飘荡的泡泡锻炼宝宝的视觉追踪力

泡泡在自然光下折射出的颜色、缓慢飘动的速度,能锻炼宝宝的视觉追踪能力,为宝宝手眼协调打下良好的基础。吃辅食、捡起小豆子、刷牙、穿衣、阅读、写字,都需要手眼的协调来帮助。

(2)抓泡泡促进宝宝专注力发展

手就是宝宝心智的工具。当宝宝的手和眼睛协调工作时,孩子就更容易达到"心流状态"。[1]

(3)抓泡泡鼓励宝宝探索事物的"因果关系"

很多宝宝喜欢用手指戳泡泡,因为轻轻一碰,泡泡就在手

---

[1] 心理学家米哈里·契克森米哈赖在他的著作《心流:最优体验心理学》中,将心流定义为一种将个人精神力完全投注在某种活动上的感觉,心流产生的同时会有高度的兴奋及充实感。"心流"是指我们在做某些事情时,那种全神贯注、投入忘我的状态。这种状态下,你甚至感觉不到时间的存在,在这件事情完成之后我们会有一种充满能量并且非常满足的感受。

中破了。有些孩子会用手接住泡泡，对他们来说让脆弱的泡泡停留在手中是一件很奇妙的事情。

就算孩子什么都不干，只观察泡泡，他们也会发现泡泡落在地板上后会破碎，在接触的地面上会留下痕迹。

2. 吹泡泡要注意的事项

①选用无毒、安全的泡泡水。吹泡泡应由大人操作，避免泡泡进入宝宝的眼睛。

②吹泡泡的时候不要一次吹出太多。太多的泡泡会让宝宝困惑，不知道该看哪里。

③不打断孩子，鼓励孩子看自己视线范围内的泡泡，而不是我们引导他看"我们看到"的泡泡。

④铺一个小垫子，在垫子上吹泡泡，可以有效避免掉落的泡泡太滑发生意外。

3. 自己制作泡泡水

材料

婴儿肥皂片、杯子、搅拌工具

制作步骤

①切几片婴儿肥皂。

②将肥皂片放入杯子，用温水泡至软烂。

③加入适量的冷水。

④把泡泡水搅拌均匀。

接下来,用不同的吹泡泡工具,和宝宝一起享受五彩斑斓的泡泡世界吧!

第二章
3～5个月，发现自己的手，有目的地和世界互动

宝宝小乐器——听觉训练和音乐启蒙的开始

感官教育，是心理活动发展的基础。感官教育可以培养宝宝感官的精确度和敏锐度，鼓励宝宝观察、比较、分析、判断，促进智力的发展。

听觉游戏，能给予宝宝感官上的全新体验。随着宝宝的成长，他不仅喜欢聆听父母说话的声音，还对生活中物品发出的声音感兴趣。如果我们可以给孩子提供适合他们抓握的小乐器，就能帮助他们向更广阔的世界积极探索。

这些孩子抓握后能发出声响的玩具。不仅可以帮助宝宝发展小手的精细肌肉，促进宝宝听觉系统的发展，还可以帮助宝宝发展出对"因果关系"的理解。

宝宝会发现，摇一摇小手，玩具就能发出声音。不停地摇，可以不停地发出声音。如此，宝宝会开始认识自己的身体，逐渐运用自己的双手做事情。

1. 选择宝宝小乐器的标准

①手柄直径要小，易于小手抓握。
②天然的材质更好（如木质、银质）。
③安全，没有毛刺和可以被拆出来的零件。
④整体小而轻，可以练习双手互换取物（长度6厘米～8厘米为佳）。

⑤声音清脆悦耳，但音量不会太大。

2. 三种适合3个月以上宝宝的小乐器

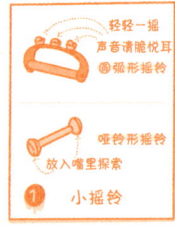
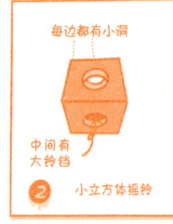

（1）小的圆弧形摇铃、哑铃形摇铃

小的圆弧形摇铃，带有一个小手柄，两头由一条皮带连接，皮带通过螺丝拧到木头里。皮带上带有一些由鱼线缝制上去的小铃铛。轻轻摇一摇，声音清脆悦耳。

抓握的手柄直径要足够小，大约1厘米，这样宝宝才可以很好地抓握和学习双手互换取物。

而哑铃形摇铃顾名思义就是像哑铃一样，两头大，中间有一条细长的手柄供宝宝抓握。两头凸起的部分，宝宝还非常喜欢放入嘴巴里探索，感受不同的触觉。

（2）小的立方体摇铃、球体摇铃

给宝宝用的立方体摇铃的尺寸也是非常迷你的，边长大约是5厘米。这个木质的空心立方体的每一个面都有一个圆形的小洞，中间有一个能发出清脆声音的大铃铛。圆洞直径比较小，大铃铛不会掉出。小小的圆洞会促使小宝宝用一根或者两根小手指抓起摇铃，帮助宝宝灵活运用手指。除了立方体摇铃外，还有球体摇铃，也是非常适合宝宝的。

（3）小沙锤、小响板

小沙锤和小响板可以从市面上直接购买，材质不同、款式不同，使用起来就像在进行有趣的打击乐重奏，给宝宝带来不同的听觉体验。

3. 自制沙锤小乐器

材料

三四个透明小罐子，摇晃时可以发出声响的填充物，如豆子、小米、大米、小石头、细沙子等。

制作步骤

①将透明小罐子清洗干净，风干无水分。

②罐子中分别装入不同大小的豆子、小米、大米、小石头、细沙子。

③旋紧盖子，确保填充物不会撒出。

这样一个简单的沙锤小乐器就制作完成了。摇一摇，不

同的小罐子会发出不同的声音，有的闷、有的响。宝宝还能将不同的声音和可视的填充物对应起来，了解事物之间的因果关系。

不同颜色的豆子和沙石，给了宝宝不同的颜色视觉刺激。当小罐子滚动的时候，里面的豆子和沙石会跟随着缓慢滚动，你会发现宝宝很喜欢观察这一过程。

如果宝宝趴着，滚动的小罐子还能帮助宝宝协调身体，锻炼平衡能力。他可能会伸直一只手臂去触摸小罐子，这也为宝宝的爬行和平衡，奠定了良好的基础。

播放一段宝宝喜爱的音乐，拿着小沙锤一起轻轻地摇动起来吧！

"多环相扣"、带有小球的圆柱体——被动的玩具，培养主动的孩子

随着宝宝的心智和手部精细动作的发展，宝宝开始用手拿自己喜欢的玩具，抓住后放在嘴里探索。慢慢地，他开始对自己的手脚感兴趣，开始用手抓脚。接着，他会进入一个新的发展阶段，开始把玩具从一只手传到另一只手。

学习换手，代表着宝宝心智的发展。曾有科学家表明：负责控制手部动作的是大脑的最高区域——皮层的条形区，这一区域横跨了整个大脑，手上的动作越细致，需要调用的脑区就越大。

在宝宝3~5个月的时候，我们可以给宝宝提供一些安全的小物品，帮助他们更好地学习抓握，以及把物品从一只手传递到另外一只手。

1. 两种帮宝宝学习换手的小物品

（1）多环相扣

这是一个由3~4个环组成的小物品。每个环的内径大约是5厘米，环与环之间连接在一起。我们一般使用金属或者木质的安全材料。

移动多环相扣的时候，小环之间会摩擦发出清脆的声音，宝宝会感觉非常新奇。

两种宝宝学习换手探索的小物品

3～4个环组成
每个环内径5厘米
木质或金属的安全材料

1. 多环相扣

木质无毒的油漆最佳
摇一摇会发出和谐的声音
宝宝可学习玩具在两手间的传递
也可以尝试放在嘴里探索

2. 带小球的圆柱体

（2）带小球的圆柱体

这个小物品和拨浪鼓有许多相似之处，是由一个小的圆柱体，上面挂着一些木质的小球构成的。摇一摇，木质小球相互碰撞间会发出自然和谐的声音。

这样类似手柄的小物品，宝宝可以很方便地抓着，学习把玩具从一只手递到另外一只手，并且能放在嘴巴里探索。多个小球的设计，会给小宝宝带来特别的口腔探索经验。

材料选择木质是最好的，同时要经常检查木珠是否被稳稳地固定在圆柱体上，避免发生被宝宝吞咽的危险。

2. 换手探索，背后隐藏着三点好处

（1）换手的过程，可以促进宝宝左脑和右脑共同工作

换手时，宝宝跨越了身体的中线，中线一般指的是"从头到脚将身体分成左右对称两部分的中轴线"。跨越中线能力是孩子一侧的手、脚或眼睛可以自主地跨过中轴线，到身体的对侧区完成各种任务的能力。换手时，左脑和右脑通过胼胝体传递信息，从而做出更为复杂的动作。

（2）观察宝宝的惯用手

这个时期，父母可以观察宝宝习惯先用哪只手拿玩具，这只手可能就是宝宝的惯用手。

（3）为更精确的手部动作打基础

除了换手的动作，有些宝宝还会出现"对指"的行为，也就是拇指和其余四指相对，或者拇指和食指相对拿起物品。这些动作都能为未来宝宝更灵巧地使用双手打下良好的基础。

因此，上述的小物品能给予宝宝换手和抓握的经验，使他们进行更加积极的探索。我们推荐"被动"的玩具，而不是过于"主动"的"声光电"玩具。越来越多的研究证明，玩具越"主动、活跃"，宝宝反而越被动。声光电玩具比较单一，玩法上的创新不足。一开始，宝宝可能会被声音和动作吸引，但宝宝专注的时间不会太长。

每个宝宝专注玩耍的时间各不相同，有些宝宝或许玩一会

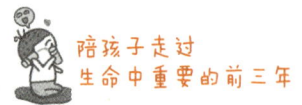

儿就会把玩具放下，去探索其他的物品，这非常正常。

在宝宝玩的过程中，要让宝宝感受到我们对他的尊重和爱。他可以随意选择玩的材料（在我们提供给宝宝的安全选项中），他可以决定玩的时间长短。充满爱的陪伴，将会为宝宝未来与他人社交互动奠定良好的基础。

第三节 这些"坑",不要踩

避免使用学坐椅

父母都希望孩子能健康成长,但在生活中出于对孩子的保护,如果我们使用了不恰当的方法和工具,反而会阻碍孩子的成长发育。比如学坐椅,就是其中的一种。

学坐椅通常是由海绵填充而成,市面上也有一些产品是空气填充的。学坐椅的作用就是把坐得还不怎么稳的宝宝,放在椅子里固定其身体,使其腰背坐直起来,不会因坐不稳而倒向一边导致摔倒和磕碰。

为什么有些父母要用学坐椅呢?原因通常有以下几点。

①认为宝宝不能自己学会坐,需要大人帮扶着才能学会。

②学坐椅可以"解放"大人的双手。

③认为学坐椅看起来比较安全,可以最大限度避免宝宝磕碰。

那么,我们就来看看使用学坐椅,和不使用任何工具、自己学会坐的宝宝之间的区别。

1. 宝宝使用学坐椅学坐和自由运动学坐的区别

学坐椅	自由运动
被装在一个"容器"里，身体活动有限	可以学习从仰着到趴着，再从趴着到仰着，甚至开始爬行
被动支撑着，腰背部有压力	宝宝做自己力所能及的动作，没有过多的肌肉压力
在自己坐不住的时候，因为无法改变姿势，会焦虑地哭	可以自由地转换身体的姿势
宝宝探索外在世界的机会减少	宝宝有更多主动探索外在世界的机会

学坐椅宝宝和自由运动宝宝的区别

对于腰部力量还没发育好的孩子来说，学坐椅增加了他们的背部和腰部的压力，并减少了孩子趴和爬行的时间。当孩子频繁地坐在学坐椅里，腰被迫直立，他们很容易跳过爬的阶段，直接扶着物品站立起来，并很快学走路。

爬行对孩子的发展是很重要的。越来越多的科学研究证明，爬行的时候孩子身体两侧同时协调运作，对感觉统合和左右脑的统合有非常积极的影响。

我们应该遵循孩子自然的发展节奏，不做提前的训练。揠苗助长，并不会给孩子带来超前的能力，甚至会带来不良的身心压力，影响宝宝健康成长。

就像潘尼·布朗利[1]在她的书籍《与我心灵共舞》里说的：

如果从苗圃里买回来一棵幼小的树苗，把它种在地里，你我都不会用棍子去支撑它，再把花园长椅放在它的上方。因为我们知道这样树苗不会按照它自身应有的方式长成参天大树。

每个宝宝都有自己的发展节奏，或快一些，或慢一些，因为每一个宝宝都是独一无二的，正如每一粒种子开花结果的时间各有不同。

2. 学会观察，移动就是宝宝在玩耍

对于年幼的宝宝来说，自由移动是非常重要的。因为玩耍就是宝宝在移动，移动就是宝宝在玩耍。通过自由移动自己的身体，宝宝开始了解自己的身体，了解自己与外在的联系。

既然如此，我们为何要着急呢？一项在日常生活中观察儿童大肌肉运动活动的研究，指出了自由运动的孩子学会独坐的时间：3% ~ 25% 的孩子，在 34 ~ 40 周已经学会

---

1 新西兰教育家，皮克勒理念的推广者。

独立坐；25%～50% 的孩子，在 43～47 周已经学会独立坐；50%～75% 的孩子，在 47～52 周已经学会独立坐；75%～97% 的孩子，在 52 周～16 个月已经学会独立坐。

晚点学会坐，并不会影响后续他们大运动的发展。相反，孩子走路更稳，对身体的控制更自如、更有自信。

了解孩子的生理发育有一定的差异和规律之后，我们可以通过以下几点，来真正帮助孩子大运动的发展。

①在宝宝能够独立做出某一动作之前，我们不应把孩子被动地摆成某一个姿势。

②给孩子自由运动的空间和时间。

③观察孩子"坐"的四个阶段（能力呈现）。

第一阶段：半躺半坐

第二阶段：独立坐

第三阶段：坐着玩耍

第四阶段：坐在椅子上

观察的重点不是宝宝什么时候学会坐，而是我们通过观察宝宝，发现他是怎样表现坐的意愿，以及如何学会坐的。比如，孩子坐着玩的时候在玩什么，孩子是如何坐在椅子上的。

这些可以帮助我们了解孩子的动作发展过程，给予孩子更加符合其发展的恰当辅助。

教育就是在不断地观察中陪伴，我们不着急让宝宝完成一个又一个的里程碑,可以在陪伴中享受宝宝成长的每个过程。宝宝会对每一个能自主完成的动作表现出喜悦,而我们也会感到幸福。

宝宝不会被"宠坏"

绝大多数人对"宠坏""惯坏"孩子的行为很敏感,有一部分父母甚至会担心,如果自己无限制地满足哭闹的宝宝,以后宝宝会养成不好的习惯,变得难以管教。

1. 宠 ≠ 宠坏

事实上,对于几个月的小婴儿来说,父母所谓的"宠"就是及时地回应他们的需求,而回应需求并不会把宝宝宠坏。如果我们仔细观察,就会发现小年龄段的宝宝不会无缘无故哭闹,他们只有最基本的生理需求和对照顾者的精神需求。

生理需求	精神需求
·饿了	·感觉到害怕、恐惧、不安
·困了	·缺乏安全感
·尿不湿有分泌物	·想要与他人互动(说话、拥抱)
·身体不舒服(肠绞痛、长时间保持一个姿势而给身体带来压迫)	·想要与新的环境互动(对固有的空间和玩具失去兴趣)
·温度过高、过低(衣物太多、太少)	
·环境不适(声音吵闹、光线刺眼)	

无论是宝宝生理上的需求，还是精神上的需求，宝宝哭闹更多是在发出一种"本能的信号"——让自己得以生存。如果我们对孩子发出的信号能够做到及时和耐心的回应，宝宝就会更容易与我们形成良好的依恋关系。

英国精神分析学家唐纳德·温尼科特提出，这个世界上不存在婴儿，只存在母婴。也就是说，几个月的婴儿和母亲是难以分割的，他们彼此依附、相互依恋。当几个月的宝宝饿了，需要喝奶时，即使母亲不在宝宝的身边，也会涨奶（分泌乳汁）。及时回应宝宝，与其说是母亲对宝宝的本能反应，不如说是对大自然生存法则的"顺其自然"，因此不存在宝宝会被宠坏的说法。

就像威廉·西尔斯说的：

宝宝最终会断奶，有一天他会彻夜睡觉，这种高需求的育儿阶段很快就会过去。宝宝在你床上的时间、在你怀里的时间、吃奶的时间，非常短暂，但是爱与信任的记忆会持续一生。

2.宠≠无节制、单纯地用抱或喂奶回应宝宝

当然，回应宝宝，不代表我们只要听到宝宝哭，就立马冲上去，抱起宝宝或者给他喂奶。

每个宝宝都是特别的，他们的哭声是向外界传递信息的

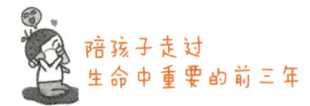

信号。我们应该慢下来,通过观察宝宝的动作、接收他们的信号,了解宝宝到底是饿了、困了、疲惫了,还是无聊了。只有真真切切地了解宝宝哭泣的原因,我们才能满足宝宝真正的需求。

如果宝宝一哭,我们就把他抱起来或者给他喂奶,这其实不是满足孩子的需求,相反,有时这仅仅是满足大人的需求。因为只要抱起宝宝或者给他喂奶,宝宝往往就能很快停止哭泣,大人就能"省事"。

有些时候,宝宝哭泣只不过是因为困了、累了,需要睡觉休息一下。此时我们只需要靠近宝宝,温柔地安抚他,然后把他放在床上轻轻地拍一拍,你会发现宝宝的哭泣声会逐渐减弱,他因得到安抚而渐渐进入梦乡。

如果每次我们都只以宝宝的哭为信号,而不是以他真正的需求作为信号去安抚宝宝的话,那么久而久之,宝宝的行为习惯就会跟着调整,凡事都用哭来表达。

正确、积极地回应孩子,让宝宝感受到自己的重要。他知道自己的需求被人关注着,他是这个世界上独一无二的小宝贝。

第三章

6～12个月，从自主探索中收获自信心和掌控感

随着孩子的爬行技巧越来越纯熟，他们开始扶站、扶走、独立学步，宝宝正式进入了自主探索的黄金塑造期。在本章节，大家能了解"前语言期"的四大启蒙原则可以为宝宝奠定语言基础，"BLW自主进食法"让宝宝成为不挑食的"小吃货"！"物体恒存盒"能帮助孩子顺利过渡"陌生人焦虑"，"一横一竖"的蒙氏活动空间，让宝宝探索时更自信。

第一节 破解宝宝的迷惑行为,这样带娃更轻松

宝宝开始认生了——"陌生人焦虑"不是洪水猛兽

> 儿童的心灵是敏感的,它是为着接受一切美好的事物而敞开的。
>
> ——瓦·阿·苏霍姆林斯基

大约在宝宝七八个月时,原本谁都可以抱的孩子,开始有了"陌生人焦虑",一看到陌生人,孩子就把头埋进父母的怀里,尤其是面对那些打招呼比较热情的陌生人,孩子的第一反应是回避,然后哇哇大哭。孩子变得十分黏人,只要父母一走开,就号啕大哭。

1. 孩子产生"陌生人焦虑"的两个原因

(1)孩子的认知发展进入新阶段:开始区别熟悉的人和陌生人

孩子之所以会产生"陌生人焦虑",是因为他们的认知发展达到了一个新的阶段。他们能够区分父母和陌生人,开始学

习自我保护了。

而父母走开，孩子会哭闹的原因则是，孩子不确定父母离开，是不是永远不回来了。因此宝宝会通过哭闹，反复确认父母的存在。

（2）孩子的情感发展进入新阶段：我不喜欢你！

在孩子能区分熟悉的人和陌生的人后，他的情感发展也进到一个飞速发展的阶段。看到熟悉的人，会微笑、手舞足蹈，而面对陌生的人进入自己熟悉的领地，对他来说就像一场"入侵"。

孩子并不知道"敌人"会做出什么事情，而自己也不能请他离开。这种失去掌控的感觉，会让孩子很焦虑。

我们会看到宝宝本能地避开与对方进行眼神交流，甚至会把头埋在父母的怀里。如果陌生人采取了进一步的"侵犯"措施，宝宝还会启动"哭泣炸弹"模式。

如果我们知道这只是孩子的认知和情感进入一个新阶段，那么我们就明白孩子焦虑是正常的表现。这不代表孩子小气、缺乏安全感，而且也并不是每一个孩子都会有这样强烈的表现。

2. 两个维度，帮助孩子平稳过渡"陌生人焦虑"

（1）"一抱、二看、三介绍"，给予孩子时间和空间来适应陌生人

①一抱。当有朋友来访，我们可以抱着孩子与朋友开心

地交谈，但是孩子仍然需和朋友保持着距离。

②二看。孩子会通过观察我们对他人的态度，自己进行判断。

③三介绍。我们可以向孩子介绍朋友，观察孩子的反应后，再决定是否让孩子接近陌生人。如果孩子不愿意，就及时打住。

（2）巧用游戏互动，帮助孩子理解看不见的东西依然存在

父母相比孩子有更多的认知经验，我们可以把这些经验以合适的方式传授给孩子，比如用游戏的方式，提高孩子的认知能力，引导孩子心灵成长。

游戏一：亲子躲猫猫

我们可以通过和孩子玩"躲猫猫"的游戏，培养孩子的认知能力，让孩子逐渐意识到，用丝巾把脸盖住，虽然看不见脸了，但是脸并不是消失了，当把丝巾取下来，脸蛋又重新出现了。

这样的游戏会让孩子非常雀跃，孩子会逐渐理解"客体恒存性"，即明白物品看不见了不代表消失了。

游戏二："我听到妈妈的声音了！"

我们还可以逐渐拉远和孩子的身体距离，从孩子的房间慢慢走到另外一个房间，同时与孩子说话。让孩子看不见我们，但是还能听到我们的声音，这些都可以让孩子了解客体恒存。

以后若妈妈有事要出门，孩子会逐渐明白，妈妈离开不是消失了,她还会回来的,这在一定程度上能降低孩子的分离焦虑。

游戏三:"猜猜在哪只手里?"

将宝宝平时喜欢的小物品放在一只手的手心里藏起来,然后两只手握拳,让宝宝猜玩具在哪只手里,接着逐一打开手心。这个游戏可以让宝宝体验物品从消失(看不见)又重新出现的过程,不仅可以提高孩子的认知力,减少危机焦虑,还可以让他们以更加积极的状态与环境互动。

总的来说,孩子黏着父母,做什么事都要父母陪,是因为他和父母建立起了亲密的依恋关系。孩子把父母定义为"安全基地",只要看到家人在,他就感觉很安心,可以放心做事情。"陌生人焦虑"只是孩子认知发展的一个特点,随着孩子认知能力的提升,这种焦虑会在孩子1~2岁之后消失。

两个维度帮孩子过渡"陌生人焦虑"

一抱、二看、三介绍

一抱
抱着孩子和朋友
开心交流
孩子和朋友保持距离

二看
孩子会通过观察我们
对陌生人反应
来做判断

三介绍
和孩子介绍朋友
看看孩子反应再决定是否
让孩子有下一步接触

巧用互动游戏

亲子躲猫猫
丝巾盖住脸，脸看不见
丝巾取下来，加上惊喜声

我听到妈妈的声音了
让孩子逐渐明白妈妈离开
不是消失，而是还会回来

猜猜在哪只手里
增加孩子认知、减少危机焦虑
以更积极的状态与环境互动

宝宝真的可以自己吃辅食吗？——BLW 自主进食法，让宝宝成为"小吃货"

随着宝宝一天天长大，大约在宝宝五六个月时，只吃母乳或者婴儿配方奶已经无法满足宝宝的营养需求了，因此给宝宝吃辅食也就被提上了日程。

给孩子吃辅食不仅是为了给孩子补充营养，还意味着孩子开始接触其他食物，并且与他人一起进食（餐桌文化）也是一种社交行为。对于辅食添加的方式，宝宝的态度是积极主动还是消极被动，对他的情绪和行为会产生深远的影响。

关于宝宝辅食的添加，我推荐以"宝宝为主导"的方式逐步给孩子介绍食物。

1. 突破传统，以宝宝为主导的辅食添加方式

与传统的辅食添加模式相比，以宝宝为主导的辅食添加方式 Baby-led Weaning（宝宝自主进食简称 BLW），更尊重孩子自己的选择，并且该方式着重培养孩子的咀嚼能力。

使用 BLW 辅食添加方式，给孩子提供相对软烂、大块的食物，让婴儿自己进食，而不是给传统的泥状辅食并喂食。

使用这种喂养方式，需要满足以下几个条件。

①孩子已经能够独坐了，并且能用手抓食物放入嘴里。（一般在 6～8 个月）

②食物需要煮熟且非常软烂。（避免噎住）

看到这里，部分父母会有疑问，没长牙的孩子，怎样咀嚼大块的食物？孩子会不会噎住？

如果我们细心观察孩子，就会发现孩子在五六个月的时候会对食物产生强烈的兴趣（吧唧嘴、流口水），虽然孩子还没有长牙，但是他们的牙床非常有力。只要食物适合，他们就可以用牙床咀嚼。

如果孩子吃大块的食物时作呕，这其实是一种正常的咽喉保护机制，避免过大的食物吞进去，并不会对孩子的身体健康产生任何影响。

有研究表明，在孩子发展出能够准确抓住食物的能力之前，他们没有咀嚼吞咽的能力。

在没有完全获得这种咀嚼能力前，孩子会用牙床把食物咬碎，在口腔前部用舌头搅动。他们不能有意识地把食物送到口腔后部进行吞咽，而是会吐出来。在这个过程中，孩子会学习判断，什么食物咽不下去，什么食物咀嚼到一定程度后可以咽下去。随着孩子的咀嚼和吞咽能力越来越强，他们最终会学会吞咽进食。

2. 辅食添加没有一刀切，适合自己的最重要

根据家庭情况，可实行传统喂养和 BLW 喂养相结合的方式。喂养没有一刀切的方法，适合家庭和孩子的就是最好的。

比如，有的孩子自主能动性很强，对吃饭非常感兴趣。那么对于这样的孩子，6个半月时就可以给他尝试大块软烂的食物。当然，在孩子8个月前，我们使用BLW的喂养方式，让孩子自己吃东西还是比较难的，为了保证孩子能摄入足够的营养，我们也可以同时给予孩子一些泥状的食物，比如米糊、粗粮粥、酸奶等。

3. 给孩子一把勺子

当我们用勺子给孩子喂糊状食物时，孩子可能会和你抢勺子。那么，我们在喂食的时候也可以给孩子一把勺子，让他自己试试看。在这个过程中，因为孩子已经有用手指抓食物的经验了，用手使用工具的能力增强了，慢慢地可以更精准地用勺子把食物送到自己的口中。

所有喂养方式的基本原则都是根据孩子的能力情况，满足其基本的营养需求，不强迫孩子，用尊重和爱，让孩子自主掌握进食的速度，获得自主进食的能力。

4. 让宝宝成为"小吃货"的三个原则

怎样让孩子成为"小吃货"呢，以下有几个小贴士。

（1）给予孩子种类丰富的食物，丰富其味蕾体验

让孩子食用丰富多样的食物能帮助孩子未来养成良好的饮食习惯，基本的原则是从一到多，营养搭配。孩子1岁前不给

其食用添加盐和调味料的食物,让孩子感受食物本来的味道。孩子的味蕾早期接触的食物种类越多,未来对不同味道的食物接纳度就越高,适应性也越快。

(2)逐一呈现食物,帮助孩子更专注地品尝食物

在给予孩子食物时,我建议在餐盘上只放一两种食物,并观察一下孩子的反应,鼓励他抓一抓、尝一尝。接着父母可以再给孩子提供另外一种食物。这样做的好处是,避免孩子因看到太多种类的食物,而不知道如何选择。

(3)考虑食物的形状,帮助宝宝更好地抓握和自主进食

以下这些食物能鼓励孩子更好地抓取食物,积极进食。

①煮熟或者蒸熟的蔬菜,切成条状(如胡萝卜、西葫芦、红薯、南瓜)。

②形状和纹理有趣的食物(西蓝花、牛油果块)。

③柔软熟透的水果(香蕉、梨、猕猴桃、桃子、煮熟的苹果)。

④软烂的肉丸子或者煮得比较烂的鸡肉。

⑤粒状的意大利面,或者比较小段的软烂面条。

⑥米饭握成小饭团。

⑦各种蘸酱,用水果蘸着吃(煮熟的豆子和牛油果碾碎、番茄煮熟作为蘸酱)。

5. 孩子出现"厌食"怎么办?

孩子对某种食物产生排斥,这是非常正常的现象。有研究表明:孩子对一样新的食物,需要尝试 8 ~ 16 次才能真正接受这种食物的味道。

我们要用积极乐观的心态,去面对孩子偶尔的挑食行为。

(1)放下焦虑,不给孩子贴标签,给予他们更多样的选择

孩子生来就有一套满足其正常发育需要的精妙生理机制。也就是说,宝宝清楚自己想吃什么,该吃多少。父母不需要刻意把孩子暂时不喜欢的食物去掉,可以通过多种方式"呈现"这些食物。

比如,孩子不爱吃牛油果,可能不是因为牛油果的味道,而是孩子不习惯牛油果滑滑的口感。当我们把牛油果和牛奶打成奶昔,孩子可能就会接受。

(2)避免食用过多高糖分的零食

如果孩子不好好吃饭,我们也要考虑孩子平时摄取的食物糖分是否过高。许多零食中糖和钠的含量都非常高,这种食物摄取多了,孩子消耗不了,就会影响其正常的用餐。

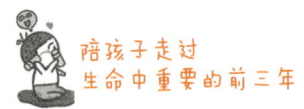

开始扔东西——正确引导,了解事物的因果关系

手是心智的"抓握器官"。

——玛利亚·蒙台梭利

随着孩子双手的发展,他们的能动性越来越强。有些父母看到孩子喜欢扔东西,不知如何是好,应该由着孩子"破坏",还是应该适当引导?孩子扔东西的背后,究竟代表着什么?

其实孩子3岁前表现出的那些很"特别"的动作,绝不是偶然或一时冲动做出来的。这些动作是在"内在我"的引导下,为了做出正确的、有意义的行动而练习的过程。

很多孩子是在5~7个月的时候开始扔东西的。这个年龄段是绝大多数孩子添加辅食的时间,而许多孩子特别爱做的一件事就是扔勺子。

> **小观察**
>
> 有一次,7个月的小西瓜在短短半个多小时的用餐时间里,扔勺子的次数达到了13次,直到父母将勺子收走后他才结束了扔的动作。
>
> 每次吃辅食,他总爱把勺了一把抓过来,放在嘴里啃一啃,而没一会儿工夫勺子就被他扔到了地板上。如果你

第三章
6～12个月，从自主探索中收获自信心和掌控感

> 把勺子捡起来给他，他会重复扔的动作。就这样捡起来，扔下去，再捡起来，再扔下去，孩子可以乐此不疲地重复做下去。

1. 宝宝扔东西的背后，蕴含着两个我们看不见的秘密

（1）扔东西是宝宝对因果关系的初体验

孩子在扔东西的过程中，不断地探索因果关系。美国儿科学会育儿百科中曾提出，孩子在4～7个月的时候，会开始理解一个重要的概念——因果关系。这阶段的孩子通过某个偶然的机会，理解了这个概念。他发现在桌面上敲打某个东西，或者把东西丢到地板上可以引发身边一连串反应。

孩子故意扔东西，就是为了让你把它捡起来。这其实是孩子学习因果关系以及表达自己能影响周围环境的重要方式。"看，我一扔，东西就掉下去了""我手一推，球就会滚动"。

（2）孩子一边扔，一边调整动作以及发展创造性

孩子在反复扔东西的时候，会发现：扔不同的东西，需要不同的力气；扔不同的东西，会产生不同的效果。

有些东西轻轻一扔，就可以扔出去很远，有些东西却不行（重与轻）。勺子"咣"的一声掉在地板上了，是向下落，而不是向上飞（重力和地心引力）。积木扔到地板上会发出清脆的声音，小球扔到地板上不会发出太大的声音但是能回弹（硬

和软）。

孩子会在扔东西的过程中，学习观察，学习认清事物之间的因果关系，自己与物品之间的空间关系，以及如何协调自己的身体做出动作使物品动起来等。

孩子在不断地练习扔时，会用脑思考，用手学习，发展自己的运动计划。在《伯克毕生发展心理学》中有这样一句话，6个月时，孩子以单调的方式向下扔东西。18个月时，孩子扔的动作已经变得更精细且具有创造性。

孩子会把各种东西从台阶上滚下来，把一些东西抛向空中，把一些东西抛向墙壁让其弹回来。他会轻轻放一些东西，重重放另一些东西。很快，他不再单纯用物体进行操作，而是在行动之前进行思考。

因此，孩子在不断地练习扔的过程中，会逐渐明白扔什么东西会导致什么后果，接下来要做什么、不要做什么。他们会开始发展逻辑思维，做出创造性的动作以及制订运动计划。

2. 三个要点，引导孩子正确扔东西

（1）避免呵斥，明确告诉孩子你的期待

5~7个月的孩子刚刚尝试到扔东西带来的喜悦，此时扔东西对他们来说更多的是一种探索和学习，因此父母不需要禁止和呵斥孩子。

我们可以将危险的、易碎的物品暂时收起来。如果孩子正在扔一个你认为不可以扔的物品，比如一个保温杯，那么比起简单地说"不要扔"，我们不如说出不能扔的物品的具体名称，这样可以让孩子更好地理解我们的期待。

比如我们可以说："不要扔这个保温杯。"（表达正确的期待）"我们轻轻地放。"（使用正向语言）

（2）循序渐进的辅食环境，避免孩子扔餐具

刚开始吃辅食的孩子，他们最经常扔的物品就是吃辅食要用的勺子和碗。虽然孩子只是在探索，但是扔食物和餐具并不是我们所期待的。我推荐以下两个方法，帮助孩子循序渐进地学习正确的餐桌礼仪。

孩子刚开始吃辅食时，给其提供矮的辅食桌和辅食椅

这种辅食桌椅的特点就是低、矮。桌子的面板平而宽，可以很大程度上避免孩子因抓不住餐具，餐具向下掉落在地板上发出响亮的声音，让孩子把这件事当成游戏探索。当然，使用这种辅食桌椅是在孩子能独坐的前提下。

我们要把孩子的进食当作一件有仪式感的事情，进食不仅是孩子在补充营养，同时孩子也在学习餐桌上的礼仪和文化，以及学习在餐桌上如何与他人社交。使用这种低矮的辅食桌椅，孩子吃饱了之后可以自己起身离开，而不需要成人的协助。

孩子在这里吃了几次辅食之后，了解了餐桌上的礼仪，就可以到我们成人的餐桌边和成人一起进食了。

到正式的餐桌边进食，给孩子提供一把"阶梯餐凳"

这种餐凳一般是由木头或者竹子制作的，易清洁。椅子上带有1层或2层小阶梯，孩子可以自由上下。

我们将阶梯餐凳的盖板拿起来，让孩子靠近餐桌坐下，孩子可以和我们一起在餐桌上分享食物。

通过我的观察，依次使用以上两种方法，孩子在餐桌上扔食物、扔餐具的情况会好很多。

（3）给孩子提供可以扔的物品，让其更好地控制双手

孩子把东西拿起来，又扔掉，不断地要求父母将他扔掉的"玩具"捡回来，接着又扔掉。这个过程是孩子在不断学习"按照自己的意愿放开手指"。如果这项技能得不到发展，那么孩子很难获得一双灵巧的手。

我们可以给这个阶段的孩子提供材质各异、大小不一的球类玩具，让孩子可以抓握，并学习放手将它们滚动起来。我们还可以给孩子提供"放进去、取出来"的游戏。

孩子在扔的过程中，能够使有目的的动作得到发展，学习控制自己的动作，让自己的动作越来越精细化。慢慢地，孩子学会了控制双手拿取、放下物品，甚至可以用小手抓取黄豆粒大小的物品。

手指越灵活，大脑神经通路建立得越强壮；而强壮的神经通路，能让大脑释放更精准的指令，让我们做出更加精细、准确的动作。

通过不断改善自己的动作，孩子会从独立活动中获得喜悦。

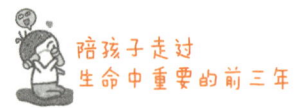
陪孩子走过
生命中重要的前三年

需要给孩子报早教班吗？——早期教育不是超前教育

教育，首先是关怀备注地、深思熟虑地、小心翼翼地去触觉年轻的心灵。

——瓦·阿·苏霍姆林斯基

> **小测试**
> - 孩子 5 个月了，是否该教孩子学坐？
> - 孩子 7 个月了，是否应给孩子报个亲子游泳班？
> - 孩子 10 个月了，是否该教孩子学走路？

随着社会发展，人们生活水平提高，各种早教班如雨后春笋般出现在人们的视线中。经常会有父母问我，如果家庭条件还可以，需要给孩子报早教班吗？问题之外伴随的是父母的焦虑。

"周围的同事和朋友都把孩子送去上早教课程了，搞得我很心慌！"不报早教班，是不是自己的孩子就落后了？是不是会错过孩子成长的敏感期和关键期？会不会输在起跑线上？

1. 人们对早教班的两大误解

（1）早教就是避免孩子输在起跑线上

这个说法是错误的，孩子的成长掌握在孩子自己的手中。

有一些早教班，缺乏对孩子能力的观察，在孩子很小的时候就让宝宝靠着学坐。孩子的腰部力量还没有完全发育好，坐不稳容易向两边倒，坐久了还会焦虑和哭泣。后来孩子终于学会独坐了，成人又开始架着宝宝学走路，最后却发现孩子自己走的时候，平衡感不好，走不稳，容易摔倒。

无论是训练孩子的体能还是认知能力，这些其实都是"超前教育"，并不是正确的"早期教育"。我们应该相信孩子，信任孩子能够按照自己的节奏发展。每个孩子的成长节奏都不一样。有些孩子 5 个月就会爬行，而有些孩子 8 个月才会爬，还有些孩子甚至到 10 个月才能爬得比较好，但是当他们成年后，你看不出任何差别，他们都能很好地行走。

小案例

女儿 2 岁的时候，我曾带她去上过体能课程。课程里有一个"宝宝吊单杠"的活动，每次参加这个活动，女儿总往后躲，一直喊着"不要，不要"。

我知道女儿属于比较慢热、适应性比较弱的孩子，所以也没有勉强她。但是已经上了五六节课，孩子仍然不愿意尝试。老师也在一直鼓励她。

慢慢地，当我看到其他的孩子做得很好，所有人都替他们鼓掌时，我也产生了困惑：为什么其他的孩子可以做到，而我的孩子却做不到呢？

> 孩子对父母的消极情绪是非常敏感的,女儿很快也感受到了我的焦虑,再加上在这个环境下人们给予的高期待,女儿更加不愿意去上这个课程了。

这个案例说明了,如果早教的课程不以孩子具体的能力为导向,不能做到因材施教调整难度,那么"高期待—低能力"的状况必然会对教育孩子产生反效果。

好的早教启蒙课,能够建立孩子的安全感,促进孩子之间的交流,最重要的是能帮助我们与孩子建立良好的亲子关系。而不是为了让孩子赢在所谓的"起跑线"上,机械化地完成某一个死板的目标。

只要我们给孩子提供丰富的生活环境,给予孩子自由移动的空间,他们自然可以习得这些技能。孩子的发展具有个体差异,节奏快一些或是慢一些,都是孩子自己决定的。孩子的内心深处有一位老师,指导他们什么时候会做什么事情。

我们必须要谨慎地挑选早教课程,尤其是一些专门训练婴儿某方面技能的课程,比如游泳课、音乐课、舞蹈课、体操课等。这些课程对老师的观察能力以及老师的判断能力要求比较高,如果老师不能根据孩子的情况因材施教,很容易就会变成"训练"孩子。当老师设定的目标太高,又不能灵活调整时,孩子和父母会很容易焦虑,这反而不利于孩子的健康成长。

（2）早教班主要是教父母

早教班的主要教学对象是父母和照料者，早教班最大的意义在于父母找到了一个良好的社群组织，多了一个渠道能和专业人士以及同年龄段的爸爸妈妈们进行交流。

有时候我们会在养育孩子的过程中遇到难题而产生焦虑，而其他同年龄段的孩子的父母可能也会有类似的困惑。大家多交流、多探讨也就没那么焦虑了。

当我们和孩子在早教班时，我们会预留出时间，陪伴孩子尽情玩耍。这也就相当于创造了一个非常有效的亲子互动时间。

那么我们可以在早教班里具体学习什么呢？

①学习如何观察孩子的行为，判断孩子的喜好。

②学习如何在家和孩子开展适龄的、同类型的游戏。

③学习小朋友之间发生冲突和争执的时候，作为父母应如何引导。

当然，这些知识并不一定要从早教班里获取，早教班只是获取早教知识的其中一个渠道。孩子的成长是建立在父母的自我成长之上的，对孩子进行的所有教育，都是父母思想的体现。即使我们选择了早教机构，我们也不应该把希望全部寄托于此，而是要更多关注自我的实践以及自我的成长。

2. 选择早教中心要考虑的两个方面

如果经济条件允许，我们当然可以和孩子一起去上早教

课。我们可以通过考察早教中心，为孩子选择更适合其发展的早教课程。总体来说，我们考察的方面主要有两点，早教环境和对儿童的友好度。

（1）早教环境

关于早教环境我们主要考察以下两个方面。

光线、通风和格局

比如，教室光线是否充足，教室里是否有窗户可以通风。

教室的吊顶高度要适中，如果太高，孩子找不到在教室里的定位，容易没有安全感，也增加了孩子在教室里跑动、坐不住的概率。吊顶如果太低，又容易让孩子感到压抑。

卫生和安全性

考察早教中心使用的器械和玩具是否符合国际安全标准和认证，了解早教中心的消防安全防护措施是否符合当地相关部门的要求。如果早教中心提供餐食服务，我们还需要考察其是否有准备餐食的资格等。

（2）对儿童的友好度

对儿童的友好度是我们筛选早教班的一个非常重要的方面。友好度看不见也摸不着，具体要如何衡量呢？我们可以根据几个具体的情况来做出判断。

第三章
6～12个月，从自主探索中收获自信心和掌控感

人的环境
・宝宝享受和我们的互动吗？（如上音乐课的时候，他是否享受跟我们一起唱唱跳跳以及听音乐？上运动类课程时，宝宝是否开心地练习翻跟头、在沙发的垫子上爬来爬去、在走廊里来回奔跑？）
・这门课会让宝宝感觉感官疲劳吗？（太吵、人太多）
・老师尊重孩子吗？
・老师是否能提供宝宝、父母循序渐进的指导？

对儿童的友好度
・宝宝可以自主活动吗？
・宝宝不会被期望去做那些别人认为有意义的事情吧？
・宝宝能够自己选择做什么、什么时候做以及怎么做吗？
・环境里的人在帮助孩子做完全超出他能力值的事情吗？
・环境里陌生的工作人员看到宝宝会打招呼吗？
・环境的设计是否能鼓励孩子自己做事情？

如果以上十点，有七八个甚至更多都是正面的回答，那么恭喜你！你可能找到了一个特别适合孩子的早教班。

当然，早教并不是什么高大上的课程，更不是揠苗助长的超前教育，而是我们和孩子生活的点点滴滴。

玛利亚·蒙台梭利曾说，"儿童应该得到成人的爱，但

不是得到成人忙于生活所残余的爱",在父母教育孩子以及与孩子相处中,早教班只是提供了一个渠道,给予孩子更多父母的陪伴。在此过程中,父母学习更细致地观察孩子,更耐心地陪伴孩子。而父母所做的这一切,都会回归到父母的自我成长中。

要不要和孩子说"宝宝语"？——正确的语言启蒙，宝宝会照单全收

> **小测试**
> 以下哪种说话方式是"宝宝语"？
> A. "宝宝，到时间吃饭饭、洗澡澡、喝奶奶、睡觉觉咯！"
> B. 夸张地模仿宝宝发出的声音。

我们和小宝宝玩耍的时候，经常会情不自禁地变得"可爱"起来：说话时音调变高、语速变慢、面部表情变化明显。有时我们甚至会模仿宝宝的声音，发出一些没有具体含义的语音。这样的"宝宝语"似乎更能吸引宝宝的注意力，常常逗得他哈哈大笑。

而看到宝宝露出快乐的神情，我们就像接收了一个积极的信号，促使我们继续发出夸张、有趣的声音和宝宝互动。

1. 宝宝语：充满热情的说话方式

有些父母担心，使用宝宝语和孩子说话，尤其是说奶声奶气的叠词（吃饭饭、睡觉觉、喝水水）会让宝宝学习了错误的说话方式，以后再要纠正过来就麻烦了。

说到这里，我们就不得不提孩子语言学习的两个阶段了。

（1）前语言阶段（出生~1岁）

在宝宝学习说话之前，需要经历一个比较漫长的准备阶段，我们把这一阶段称为前语言阶段，通常是从宝宝出生到他能说出第一个有真正意义的词为止。当宝宝能说出第一个能够被别人听懂的词时，才正式进入语言阶段。

在前语言阶段，宝宝语言启蒙的重点就是我们用充满热情的说话方式和宝宝交流，刺激宝宝产生与我们沟通的欲望，我们用孩子可以听懂的方式、喜欢的方式和他们进行交流，对孩子来说是很重要的。事实上，很多咿呀学语是没有具体的语言含义的，然而，刺激孩子产生沟通的欲望对孩子未来用语言进行表达能起到至关重要的作用。

（2）语言阶段（1~3岁）

这个阶段是宝宝语言表达飞速期，他们每天都会说出新的词汇，学习语法并开始说出完整的句子。

语言的学习是孩子从吸收到表达的过程，前语言阶段起到了非常重要的作用。如果宝宝在前语言阶段，能受到足够多的语言刺激，处在丰富的语言环境下，那么在语言阶段宝宝的表达会更出色。

因此，在孩子1岁之前的前语言阶段，语言启蒙的重点是刺激孩子产生与我们沟通的欲望。在这个阶段叠词并非不可以使用，但我们应该把重点放在如何让孩子产生沟通的欲望，以及交流时愉快的氛围上。音调高、语速变慢、面部表情更明显,这些都能让宝宝对说话这件事产生兴趣,并且学习成为一个交流者。

而到孩子1岁之后,他开始说出别人能听懂的词,孩子不断地吸收环境里的语言并学着表达。此时,我们在环境中正确地使用语言变成了重点。孩子就像复读机一样,你说什么,他便说什么。那么在这个时候我们应该注意不要过多地使用叠词,尽量使用完整的、丰富的语言与宝宝沟通。

2014年,在《西南交通大学学报(社会科学版)》发表的一篇对中国幼儿叠词使用的论文提道:在不同的年龄阶段,叠词对儿童语言发展的影响也有所不同。大量叠词的输入有助于1~2岁儿童的语言习得,但会阻碍2岁以后儿童的语言发展。

当孩子能够使用更正式的语言表达自我的时候,叠词就应该慢慢退出"舞台"。

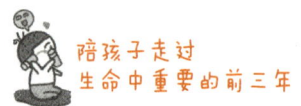

2. 前语言期，语言启蒙四大原则

（1）给予刺激、形式多样

语言刺激模式不仅是生活中的口语，还包括有旋律的歌谣、朗朗上口的诗词，以及绘本里的文字。孩子逐渐明白，即使书面语言和口语表达的意思是一致的，但是用词的分量和感觉并不相同，加入了旋律的歌谣更加悦耳动听，并且更容易被记住。

（2）放慢节奏、叙述活动

和宝宝说话的时候语速慢一些，让他看到我们的嘴巴是如何发出声音的。向宝宝叙述我们的活动，比如，在洗澡、吃饭或娱乐时，告诉宝宝你在做什么。给宝宝念书，并和他讲书中叙述的事情。

我们还要学习看着孩子的眼睛说话，沟通并不仅是口语的交流，还是情感的流动。

（3）认真倾听、不刻意纠正

孩子有些时候说话并不标准，他可能会把"小刀"说成"小膏"，这是很正常的现象。不要刻意地纠正甚至取笑孩子，这会打击他的自信心和说话的欲望。我们只需要说出正确的读音即可。比如，"宝宝，你是让妈妈拿玩具小刀给你吗"。

（4）表现"共同注意"，创造交流的氛围

宝宝 4 个月左右，开始会表现出"共同注意"，目光会朝向成人所看的地方。我们可以追踪宝宝的视线，告诉他们看见的东西是什么。

这种"共同注意"能有效地创造交流的氛围。比如,"宝宝在看花,这是玉兰花。"这能帮助孩子更有效地做出有意义的动作(如用手指)、更快地说出相对应的词语。

第二节

8个锦囊，有掌控感的宝宝更自信

开放式的小矮柜和活动空间——让宝宝有自主学习的"地板时间"

很多父母都喜欢给宝宝买玩具，随着家里的玩具越来越多，父母的困惑也随之而来。家里的玩具多到已经能够堆成一座小山了，但是孩子喜欢玩的却寥寥无几。孩子每次玩的时候也并不专心，随便摆弄一下就没有兴趣了。

大家有没有想过，如果我们稍微控制一下玩具呈现的数量，并对玩具摆放收纳的方式稍做调整，可能会呈现完全不同的效果。我非常推荐大家使用开放式的小矮柜。

1. 小小矮柜，大大用途

蒙台梭利矮柜一般为 2 层或是 3 层，根据不同的使用场景，有一些矮柜背部有背挡，有一些则没有。与绝大多数抽屉式收纳柜不同，蒙台梭利矮柜更为开放，宝宝可以很容易地看到柜子里放置的物品。

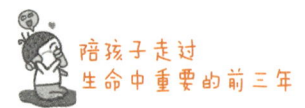

我们一般将矮柜放置在宝宝日常活动的区域里,配上软硬适中的地垫,方便孩子在这个小小的"地板空间"里活动。如果家庭的空间有限,也可以利用电视柜充当矮柜(需移走多余的物品)。

使用蒙台梭利矮柜,会带来三点好处。

(1)帮助宝宝自主选择想要玩的玩具

我们给予宝宝开放式矮柜,代表着我们对宝宝能力的肯定和尊重。我们让宝宝自己做选择,让他们根据自己的兴趣去挑选自己想玩的玩具。

矮柜的高度对宝宝非常友好,孩子可以自主地扶着矮柜进行水平移动,拿到自己想要的物品。这不仅能锻炼宝宝的体能,也能让宝宝更加独立和自信。

(2)更好地培养宝宝的秩序感

玛利亚·蒙台梭利曾说,0~4岁的孩子,正处于秩序感发展的关键期。由此可知,孩子的秩序感是自小开始,从生活中的点点滴滴进行培养的。一个有秩序的环境,可以帮助孩子更好地认识事物、熟悉周围的环境。开放式矮柜上的每个玩具都有其固定摆放的位置,散乱的小玩具可使用一个小托盘或篮子装起来。这样不仅有序、美观,还可以鼓励宝宝每次玩完后物归原位,帮助宝宝从小养成独立自主收拾玩具的好习惯。

(3)让宝宝更专注玩耍

对于低龄的孩子来说,他们"有意注意"和"持续专注"

的时间要比成人短得多。如果一次性呈现太多的玩具，反而会干预孩子对单一玩具的深度探索和玩耍。

2. 三个原则让宝宝玩耍更专注

（1）物品少而精，根据孩子的月龄逐渐增加玩具的数量

我们可用少量而精美的玩具，代替大量的、质量一般的玩具。根据我的实践经验来看，在这样的方式下宝宝玩耍得更专注。

一般来说，每一层矮柜可以放置 4～5 个宝宝的玩具，整

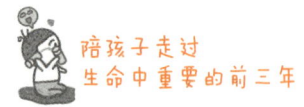

体不要超过 12 个。

当然我们也可以根据宝宝的月龄来决定玩具的数量。比如，宝宝 8 个月的时候，矮柜上放置 8 个玩具，然后每一个月增加一个玩具。宝宝 1 岁之后，我们可根据孩子的情况摆放玩具，但不要一次性摆放过多，最好不超过 12 个，其他多余的玩具可以暂时存放起来。

（2）根据孩子的能力和兴趣进行动态调整

孩子其实并不需要那么多的玩具，他更需要的是成人有意识的观察和陪伴。在陪伴孩子时，我们需要观察，这个玩具的难度符合孩子的能力吗？孩子对这个玩具感兴趣吗？该玩具是否可以激发孩子自主动手探索？然后根据观察到的情况进行动态调整。

太简单的玩具，由于缺乏挑战性，孩子玩得并不专心，甚至一两周都不会拿起来玩耍。这个类型的玩具，我们可以先收起来，看看孩子会不会来找。如果一两周后孩子也没有来找，我们可以和孩子沟通，将玩具清理或者送人，并补充新的玩具。这样一来，孩子对玩具始终能保持一定的新鲜感，可以发展其持续专注玩耍的能力。

对于难度太高、不符合孩子认知和抓握能力的玩具，孩子玩耍时容易产生挫败感。这类型的玩具也可以暂时收起来，过段时间再拿出来，效果会大不同。

（3）选用环保、经济的教具和玩具

矮柜上的物品尽可能地选用天然的材质，比如木制的、银质的。家庭环境中也没有必要购买太昂贵的、托育中心里采购的教具，因为低龄的孩子对物品感兴趣的时间是很有限的。

我们可以使用家庭中常见的小物品作为孩子探索的玩具。比如，清洗干净的宝宝乳液瓶子，孩子可以练习打开和关上盖子；在鞋盒上挖一个小洞，孩子可把东西放进去或拿出来；用收纳厨房纸巾的长棍子底座，配合几个木环当套圈使用等。

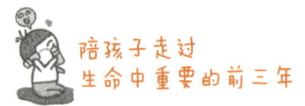

"一竖一横"——看，我是这么站起来的

> 你要教你的孩子走路，但是，应由孩子自己去学走路。
>
> ——拉尔夫·沃尔多·爱默生

我们曾提到在孩子活动垫的旁边放置一面横着摆放的镜子，可以帮助孩子更好地进行自我探索。宝宝还处在俯卧、仰卧、翻身、爬行和学坐阶段的时候，横着的镜子可以让宝宝看到更广阔的空间，满足其扩大视野的需求。

然而随着宝宝的发展，原有的环境已经不能满足孩子的需求。比如，宝宝会开始想拉着物品站起来，或者已经有扶着物品走路的行为。

我们可以运用"一竖一横"的方法，对原有的环境进行调整，创造更适当的环境，以满足宝宝的需求。

1. "一竖一横",帮助宝宝学步

(1)一竖:把镜子从横着摆放,改为竖着摆放

我们将镜子从原有的横着摆放调整为竖着摆放,可以让宝宝更好地看到自己是如何协调身体进行运动的。这可以帮助孩子对运动有更清晰的认知,做出更好的运动计划。

(2)一横:在镜子前加装一个横杆把手

一旦宝宝"解锁"了站这个技能,那么他能扶着的所有物品,如架子、桌子、沙发椅子的边缘、茶几等全部会成为他扶物站立的"借力工具"。

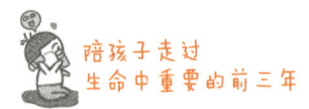

宝宝不断重复动作，是为了获取新技能。因此，在家庭环境中，我们可以在镜子前设置一个横杆把手，帮助宝宝自己站起来。宝宝可以在镜子前观察自己是如何拉着物品站立的，这不仅可以帮助宝宝认识自己的身体，同时也可以增加宝宝重复练习动作的趣味性。当他看到镜子里的自己做出同样站立的动作，就像一个积极的信号，鼓励他重复练习这个动作。

横杆把手很适合宝宝用手抓握，他可以学习向左或向右平行扶着走。当他有了平行移动的经验，会更加顺利地过渡到独自站立和学步。

2. 做好这四点，宝宝学站更顺利

（1）购买安全的镜子，并非常稳固地固定在墙上

购买儿童使用的安全镜子，在镜子的背面贴上美工胶纸，可以避免镜子不小心被打碎后，有细小的碎片掉出。同时，镜子需要十分稳固地固定在墙上。

（2）把手不宜太粗，以宝宝的小手能以 C 字形抓握为宜

把手可以选择木质的或者不锈钢的。如果是木质的，需要确保包面已经被打磨平整，光滑不刺手。和镜子一样，把手一定要确保被稳固地固定在墙上。

（3）当孩子还不会站立时，不要人为地将孩子的手放在横杠扶手上学站

我们安装横杆扶手并非是要训练孩子学站。事实上，我们无法教会孩子学习站立，这个技能是孩子自己摸索出来的。安装方便宝宝抓握站立的把手，只是我们对环境的预备以及对宝宝练习的动作的辅助。

（4）避免在横杆把手上放置玩具

刚学步的孩子走路还不太稳，他们还在学习如何平衡自己的身体。如果在横杆把手上放置玩具，孩子或许会将注意力放在玩具上，为了拿到玩具而移动身体。

这样容易妨碍孩子本身对"扶站"和"扶着走"的专注探索，而且一手拿玩具，一手抓把手，对刚刚开始学步的孩子来说容易失去平衡，增加摔倒后玩具打到自己的风险。

宝宝大动作的学习，是从简单到复杂、由量变到质变的过程。准备符合宝宝动作发展的环境，是对他们成长的辅助，这会让他们在"解锁"新动作的过程中获得自我肯定。这种生理上的自信，会逐渐转化为心理上的自信。他们会相信自己是一个有用的人，并且带着这份自信去"解锁"更多新技能。

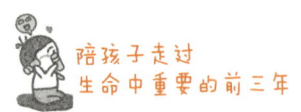

加重的小推车——我开始学走路了

当宝宝会扶物站立和扶着物品水平移动时,会迫不及待地向更宽广的世界移动和探索。对宝宝来说,向左或者向右平行移动是远远不够的,他会想朝更多的方向行走。

这时,一个有一定重量、稳固又能帮助宝宝移动的小推车就是很好的辅助工具。

1. 小小的推车,带宝宝去任意方向

市面上的宝宝小推车形态各异,有木质的、塑料的,有一些推车上面还有音乐按钮、互动游戏。我个人认为,选择木质的、功能单一的小推车效果更佳。

因为木质的推车质感更好,也比较稳固,没有花哨的外观和比较多余的装饰。小推车有太复杂的功能会模糊宝宝使用推车的焦点。我们给宝宝提供小推车,最主要的目的就是让宝宝不用借助大人的手,可以自由地移动到自己想去的地方。

使用中间镂空的小推车是不错的选择，我们可以在推车里面放入比较重的书籍或哑铃，让推车的重心更稳固，避免出现翻车的情况。宝宝可以将一些物品放进去、拿出来，还可以把推车从一头推到另外一头。宝宝非常喜欢这样"繁忙"的小游戏。在这个过程中，宝宝的动态平衡力能够得到锻炼，这也为他独立行走奠定坚实的基础。

我们可以将家里的活动垫移除，开拓一定的空间让宝宝推着小推车学步，在暖和的天气，给宝宝提供赤脚走路的机会。这样可以使宝宝脚底的肌肉得到更多的刺激，获得更多感官的锻炼。我们也可以带宝宝去平坦、安全的户外，让其感受更广阔的空间和大自然的美妙。

在宝宝推动小车时，需要注意给宝宝穿上合适的衣物，太紧太厚的衣服不利于宝宝自由活动身体。

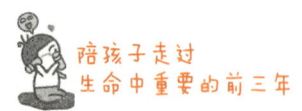

一把椅子——学习自己换衣物

当宝宝能够独坐之后,换洗台就不再适合宝宝使用了。换洗台的高度一般在大人的腰部上下,这样的设计方便大人不用弯腰就可以完成帮宝宝换洗的工作。但是随着宝宝的行动能力增强,我们在换洗台上帮宝宝换洗衣物,宝宝会有从高处掉下的风险。

1. 一把椅子,让宝宝变得更独立

我们可以把换洗台替换成一把小椅子。这把椅子的高度是适合孩子的,有一个小靠背,椅面足够宽敞。当宝宝稳稳地坐在上面时,他的脚趾可以触碰到地板,不至于悬挂在空中。我们可以将这把小椅子放在以前给宝宝换洗衣物的换洗台附近,在他需要换尿布或者尿不湿的时候使用。

宝宝可以稳稳地坐在椅子上,自己把裤子脱下来。刚开始宝宝可能做得并不是很好,需要我们的辅助。但是没有人一开始就能很好地完成一件事情。孩子只是需要我们提供一个环境,让他们可以不断地去锻炼,并在这个过程中习得技巧和能力。事实上,如果我们给宝宝提供必要的帮助,他们就可以做得十分出色。他们也会因此认为自己是一个非常能干的人。

在椅子的周围,我们还可以准备几样小物品。

①装脏衣物的脏衣篮。

②带盖子的垃圾桶。

③孩子可以自己拿到的干净衣物和尿不湿。

为了让宝宝可以更好地参与进来，我们要尽量为宝宝选择简单、宽松的衣裤，以便孩子坐在椅子上可以练习自己穿脱。避免让孩子穿着连体裤、牛仔裤等难以穿脱的衣物。我们还可以鼓励宝宝将换下来的衣物和尿布自己放入脏衣篮和带盖的垃圾桶里，在这个过程中，宝宝能学习如何照顾自己和照顾环境。

宝宝的智力发展不取决于某一个玩具或者活动，而取决于人际互动、游戏玩耍，以及像换衣服、如厕训练和喂食这样的生活小事。宝宝越能自主参与进来，他就越能感受到尊重，也就更愿意和我们一起合作，这也为宝宝后续能够顺利学习如厕奠定基础。

自制蒙氏"物体恒存盒"——间接理解"看不见妈妈,不代表妈妈消失"

如果我们把玩具用毯子盖住,8~12个月的孩子可以有目的地移开毯子,并抓住玩具。"移开"和"抓住"这一系列的动作图示,被著名教育学家让·皮亚杰认为是孩子解决所有问题的基础。他们会反复练习这项技能,让动作更加熟练且精确。

孩子能找到藏起来的物品,这也是孩子认知的升级——了解"客体永存性"的概念。这个概念让宝宝了解事物消失了并不代表不存在,明白父母暂时的离开并不是抛弃他,父母还是会回来的。

蒙台梭利教具中有许多类似的"物体恒存盒"。例如,一个木质的盒子,上面有一个小洞,将小球塞进洞里,让孩子感受小球消失了,接着从盒子中拿出小球,让小球重新出现在孩子的视野范围内。这样的小游戏不仅可以增加孩子的认知能力,让他们了解"看不见的东西不代表不存在",以此减少他们与父母暂时分离的危机焦虑,同时可以让他们的双手更灵活,以更加积极的状态与环境互动。

1. 自制一个简易版的"物体恒存盒"

市面上可以购买到很多现成的"物体恒存盒",我们也可以用日常生活中的小物品进行改造。小年龄段的孩子保持专注的时间很短,他们玩耍的时间并不长,因此自制一个"物体恒存盒"是一个不错的选择。

适用年龄

8个月左右,孩子能独坐。

材料

一个鞋盒、几个木球和胶带。

制作步骤

①将鞋盒倒扣,用鞋盒盖当托盘。

②将鞋盒的右侧裁去1/3。

③在留下的鞋盒底部,裁剪出与球大小相当的圆洞,使球可以顺利通过。

④将裁剪好的鞋盒以及鞋盒盖用胶纸粘好。

⑤用一个硬点的卡纸,在鞋盒里做一个向下的小斜坡,使球投入鞋盒时可以滚动到鞋盒盖上。

如此,孩子就可以看到球从消失到重新出现的过程。

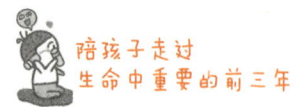

自制简易版物体恒存盒

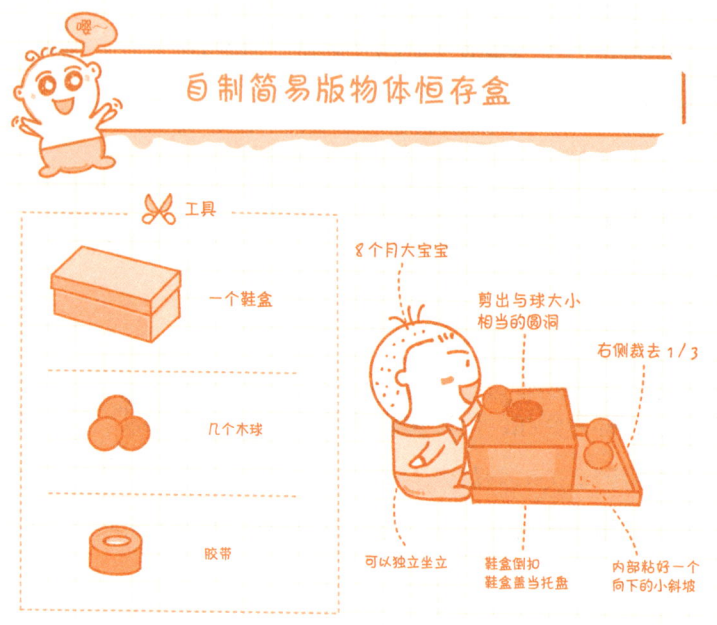

生活中常见的纸巾盒也是一个很好的"物体恒存盒"材料,只需要在纸巾盒的一个侧面剪开一个"门"即可。宝宝会很欣喜地打开"小门",找到被藏起来的小球。

2. 四种市售的"物体恒存盒",给孩子更多元的挑战

市场上的"物体恒存盒"款式多样,一般来说顶部都会有一个小洞,或者带有一个抽屉。小球落入洞口后,需要宝宝用手拉出抽屉才可以拿出小球。这能发展宝宝的双手协调配合能力。

同时,宝宝知道玩具在柜子里面,拉开抽屉的动作是一种记忆能力的展现,他记得有小球在里面。

当宝宝探索了一段时间后,我们还可以更换不同材质的球体,提高宝宝的兴趣和持续专注探索的能力。比如把木球换成针织球,或者更换针织球的颜色,提供更多数量的球等。

自制蒙氏玩具"开和关"——好奇宝宝更有自信和掌控感

或许你会注意到,我们的好奇宝宝已经开始对柜子、开关等产生了浓厚的兴趣。柜子一拉开,就可以看到琳琅满目的生活用品;开关一按,灯就打开(关上)了。真好玩!宝宝翻箱倒柜,乐此不疲。

1. 给孩子一把钥匙

我们用一条漂亮的丝带串上钥匙,挂在房间的门上或者柜子的锁销上,给宝宝示范如何把钥匙插进锁芯里。丝带的长度不要太长,避免产生带子缠绕宝宝脖子的风险。当宝宝能扶着门站起来的时候,刚好能够到锁销。钥匙对准锁芯,插进去,再拔出来,重复多遍。对宝宝来说这是一个非常有趣的活动。

一般来说,1岁前的宝宝还不会360度转动钥匙把门锁上,但是宝宝在做这个游戏时,爸爸妈妈还是需要陪伴在宝宝的身边,避免出现意外。

2. 打开我的"潘多拉盒子"

给宝宝准备一个小篮子,里面放入4~5个可以打开和关上的物品。比如,使用完的干净的口红盒子、带有小拉链的首饰袋、迷你的小木盒等。我们给宝宝示范用一只手扶住物品,另外一只手打开，看看里面有什么，然后再将物品关上。

宝宝在重复开和关的动作时，可以很好地锻炼手指和手腕，让它们更灵巧，以此让宝宝获得一种掌控感。而打开和关上一件物品，其形态是不一样的，这会让宝宝觉得自己的动作可以对外界产生积极的影响。

当宝宝从篮子里拿出物品时，我们还可以说出物品的名称。如此，还可以加强宝宝对物品的认知，以及提高宝宝的口语表达能力。

观察宝宝的行为和兴趣，适当更换篮子里可以打开和关上的物品，保持宝宝对这个游戏的兴趣。

宝宝通过协调自己的双手，从心理上了解到自己可以使用双手改变环境。这对孩子心理的冲击是非常强烈的。想象一下，如果我们现在还可以有这种心理冲动，那么我们可以更积极地探索世界。

当然，我们给孩子提供这些游戏，主要目的并不是让宝宝专注玩很长时间，而是帮助宝宝获取动作技能。当他习得了这些技能后，可能很快就会失去兴趣，但是他可以将这些技能运用在日常的生活中。比如，把吸管插进牛奶里，让自己可以喝到牛奶；打开盖子，取到里面的物品。他会逐渐变成一个有能力、独立、自尊又自信的人，而这些，就是我们给予孩子成长的辅助。

坐上爸爸妈妈的"小飞机"——亲子感统体验

我认为,父母和孩子之间的有爱互动,是世界上最幸福的体验。

1. 亲子"小飞机"

我们在地面铺上一块运动垫,和宝宝面对面坐下,将宝宝举起,接着顺势躺下并将宝宝举到上方,握着宝宝的腋下保持平衡,让宝宝趴在我们的小腿上,然后我们轻轻地上下摆动膝盖。注意在这一过程中,我们和孩子要保持眼神交流。随着我们上下轻微的摆动,会刺激宝宝的前庭系统,锻炼孩子的身体平衡力,并让宝宝感到愉悦。

和抱着孩子走动不同,"小飞机"上下摇摆的形式更富有亲子娱乐性,当我们做这个游戏时,我们和孩子四目相对,我们的双手、双脚都参与到和他玩耍的过程中。因为没有手机、电子设备的干扰,我们很容易就能创造出一个轻松愉快、无拘无束的氛围,增加亲子之间的亲密感。

2. 加入音乐和动作,获得更多响应和互动

我们还可以给孩子更多的响应和互动。在游戏中加入歌谣是一个很好的方式。而四四拍的歌曲和没有旋律的念谣,因为朗朗上口,且节奏稳定,很适合小年龄段的宝宝作为语言启蒙

和亲子互动游戏。

> **念唱歌谣《我飞得很高》**
> 我是一个小宝宝,飞得高又高。
> 地板怎么上天了,天空颠倒了。
> 我像小鸟和蝴蝶,飞得高又高。

念唱一首小歌谣,可以让气氛变得更好,鼓励宝宝更好地和我们互动。当宝宝发出声音并挥动自己的小手时,别忘记保持延伸交流,积极回应宝宝。

我们还可以在歌曲结束后给宝宝一个惊喜的结尾:将我们的小腿伸直、抬高,握着宝宝的腋下让宝宝慢慢地滑落在你的胸前。

放进去和拿出来——我的小手真能干

宝宝会把框子里的玩具全部拿出来,再放进去,再拿出,再放进去……反反复复摆弄玩具很多遍。宝宝进入了动作敏感期,通过不断做出动作学习确定空间的"里面"和"外面"。随着宝宝的小手越来越灵巧,我们可以给孩子提供更多符合他们能力的小游戏,让他们玩耍时更专注。这些手部游戏能为宝宝以后书写、阅读、独立做事情打下基础。

我推荐两个游戏,投入式游戏和套入式游戏。

1. 把东西投进去——投入式游戏

投入式游戏,是指宝宝使用小手将一个或若干个小物品投入一个小容器里的活动。让宝宝感受到移动物品的乐趣,同时慢慢学习瞄准和有控制地放手。根据这一重点,我们可以在家庭生活中利用一些常见的小物品,随时随地开展这样的活动。

第三章

6~12个月，从自主探索中收获自信心和掌控感

三种自制的投入式游戏

用长卷纸纸筒制作的"投入网球"

纸巾桶制作的"投入核桃"

包装盒制作的"投入式吸管"

比如，将长的卷纸纸筒固定在柜子或墙上，纸筒的高度与宝宝的身高相当，在纸筒下方放置一个容器（如鞋盒），给宝宝提供可以顺利穿过纸筒的小球（如网球、木球）。这样一个简单又有趣的投入式游戏就完成了。

圆形的纸巾筒也是一个极好的容器，准备一些核桃，用小篮子收集起来，鼓励宝宝将核桃投入纸巾筒里。根据宝宝感兴趣的程度，更换不同的材料（如合适尺寸的积木），让宝宝保持兴趣，同时让宝宝获得不同材质、重量的感官体验。

使用一个小托盘，将小篮子和纸巾筒收纳在一起，可以让玩具呈现变得更加有序、整洁。

当你发现宝宝的手和眼睛的协调感越来越好时,可以适当地增加难度,将洞口变得更小,鼓励宝宝投入更加精细的物品。比如,长条形、稍硬点的吸管。你会发现宝宝小手的五根手指头在不断地协调,宝宝可能会用三根手指甚至更少的手指抓握住物品,投入相对应的容器中。

2. 把东西套进去——套入式游戏

套环在蒙台梭利教具中是一种很常见的教具,如摇晃底座的套环、稳固底座的套环,以及不同宽度、不同尺寸的渐层套环。

套入式游戏:套环

提升精细肌肉,帮助孩子发展专注力

可利用天然资源木质纸巾架

稳固底座套环

宽边套环

渐层套环

摇晃底座套环

套环尺寸越小,瞄准和放入就越有挑战,可以从1个环开始发,逐渐增加到2个、3个

套入式游戏顾名思义就是用一个物品将另一个物品套住。套环的尺寸越小，孩子瞄准和放入就越有挑战性。套入式活动可以帮助孩子更专注地瞄准、测量物品，让自己"放"的动作越来越精准，在提升精细肌肉的同时帮助孩子专注力得到发展。

最开始可以从1个套环开始，逐渐增加至2个、3个。我们还可以充分利用天然的资源，随时随地开展套入式游戏。比如，使用一个木质的纸巾架，将长条形的架子锯短、打磨，再搭配几个木圈，就是一个极好的套入式游戏。

孩子最开始使用时，可能需要我们的示范。在示范时，我们尽量把动作慢下来，让宝宝更容易观察和分解我们的动作。很快，宝宝就会自己开始独立探索，并创造出自己的抓握和玩耍技巧。

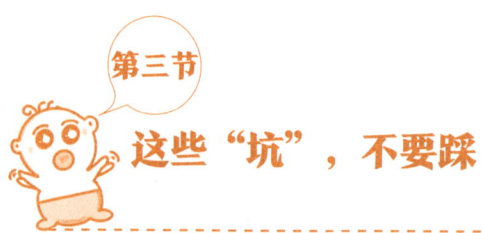

第三节 这些"坑",不要踩

学步车,并不能帮助宝宝学步

学步车,并不能帮助宝宝学步。如果你细细观察,会发现孩子在使用学步车时,身体是向前倾斜的,他们经常用脚尖点地,当他们要移动自己的身体时,只要踮脚尖轻轻向后一划,就能够轻易地让自己"漂移"起来。

这样的方式会给孩子造成一种错误的"运动基模"[1]和"身体认知"。

我因为工作的原因和学习的要求,观察过很多习惯用学步车的孩子。我发现,当父母把这些孩子从学步车里抱出来后,他们正常走路时,也是身体向前倾斜——就像在学步车里面一样。这样的孩子不容易平衡自己的身体,特别容易摔倒。

当孩子使用学步车时,撞到墙上,学步车会自动停止,不会磕碰到孩子。正常来说如果我们撞到墙,感觉疼痛,下次就

---

[1] "基模"最早是认知心理学的一个重要概念,是瑞士心理学家让·皮亚杰在研究儿童成长和认知发展过程之际提出的一个概念,后来被延伸为指代人的认知行为的基本模式。

会长教训，并格外注意。但很显然，学步车并不能支持这样的学习，孩子会觉得自己那样走路也是可以的。

> **小数据**
>
> 加拿大医院伤害报告和预防计划中的一项数据显示，1999年4月到2002年4月，有1935名5～14个月大的婴儿因为使用学步车而受伤住院。这项数据最终促使了加拿大政府在2004年4月发布禁令：禁止销售、广告宣传以及进口婴儿学步车，即便是在二手货市场上也全面禁止销售。
>
> 美国儿科学会的调查也显示，在1990年到2014年，美国大约有230676名小于15个月的宝宝因为使用学步车而受伤。其中90.6%的孩子因为学步车而接受急诊治疗，96%的婴儿头颈部受伤，74.1%的婴儿因为使用学步车从楼梯上跌落而受伤。

家长将孩子放在学步车里时，经常会放下警惕心，而危险通常就是在我们疏忽大意的时候发生的。1岁前，宝宝的头部重量占身体总重量的比重过大，加上当孩子在学步车上面滑行时，速度可以比原来他移动的速度快很多，这就容易导致上重下轻，遇到台阶的时候就很容易倒翻。

其实，孩子的成长都遵循着大自然的规律。孩子有自己的成长法则，驱使他和世界互动，以及学习用双脚探索更广阔的世界。只要孩子身体健全，我们能够提供给孩子适当的锻炼和学习机会，孩子会走路是一件自然而然的事情。

让宝宝自己走

有人说，如果不用学步车，那么牵着宝宝的手教宝宝走路，或者用学步带固定在宝宝的胸口牵着他走，是不是更好呢？

其实这两种方式也存在一定的安全隐患。

1. 牵着宝宝走路，有三个风险

（1）牵着宝宝走路，不利于孩子养成良好的走路习惯

牵着宝宝走路，会让宝宝更容易踮着脚走路，不利于孩子平衡感和控制感的发展。孩子总是要被牵着才能走路，会让孩子认为：有父母扶着，自己才能走路，自己一个人走的时候容易摔跤。这会让孩子产生"我做不到、做不好"的想法，父母过多干预容易让宝宝产生很强的依赖心，不利于自信心的发展。

（2）拉着宝宝走路，容易增加宝宝手腕受伤的风险

小年龄段的孩子，肌肉和骨骼正在发育中，拉着他走路，稍不留意就容易对宝宝的骨骼造成伤害，增加脱臼的风险。

（3）长久牵着宝宝走路，大人就需要弯腰驼背，不正确的走路方式对大人的腰背也会造成一定的伤害

2. 避免使用学步带

育儿用品能够在市面上存在和销售，必定是有一定的需求的。然而，学步带的使用弊大于利。长长的带子容易增加绕脖的风险。

除了安全问题外，学步带绑着孩子，也限制了孩子掌握平衡和探索环境的自由，并且不利于培养孩子的自信心。我们需要做的，绝不是避免孩子摔倒。事实上，所有的孩子都需要经历摔倒的过程，这样他们才能学会走路，在长大的时候走得更稳。

3. "一扶、二搬、三停下"，跟随孩子去散步

那么作为父母，我们应该怎么做更好？我推荐"一扶、二搬、三停下"这三种方法。

（1）"一扶"：给孩子提供可以扶的物品，帮助孩子可以自己扶着走路

横杆、沙发椅、茶几、比较稳固的物品，都是很好的支撑物。千万别低估孩子的能力，他们非常喜欢扶着物品站起来，并移动自己的身体。

蹒跚学步的孩子需要非常多的练习，我们可以带孩子去公园、游乐场，这些都是非常好的场地，供孩子学习走路。

（2）"二搬"：让孩子有搬运物品的体验

慢慢地，你会发现，孩子特别乐衷于搬动物品，他们会将

买来的东西从车里搬进家、把脏衣服拿到洗衣机旁、把脏的尿布扔进垃圾桶里。让孩子做力所能及的事，可以增加孩子的自我能动性。

好不容易学习了走路的技能，他们会希望用更加多元化的方式使用它、强化它。孩子会通过做很多的事来强化自己学习到的技能。如果我们能够相信孩子、鼓励孩子自己做事情，他们会更容易成为一个自尊、自信、快乐且乐观的人。

（3）"三停下"：跟随孩子的步骤停下来

陪孩子散步，是一件有趣的事情。蒙台梭利曾说，要跟随孩子，意思就是说，当我们和孩子一起散步的时候，不是牵着孩子往前走，而是陪同他，跟随孩子的脚步调整自己的脚步。孩子可能会对感兴趣的东西东摸摸、西看看，我们也要配合孩子的兴趣停下来和孩子一起观看、讨论。这可比只走路有意思多了！

即便是年龄很小的孩子，在他学会了走路之后，也可以按照他的速度走上一段距离。"陪孩子走路"和"带孩子散步"是不一样的。如果我们牵着孩子的手，让他们跟着我们的步调和方向走路，孩子很快就会累，并且吵着要父母抱。

而如果我们可以配合孩子的意愿，走向他关注的方向，让孩子自己控制什么时候走、什么时候停，我们就可以和孩子非常开心地走上一段很长的路。

弹跳椅不是"放电神器",用多了可能还有害

教育技巧的全部奥秘就在于如何爱护儿童。
——瓦·阿·苏霍姆林斯基

曾经有家长告诉我,他找到了一个很适合宝宝的"放电神器"——弹跳椅。孩子可以在里面蹦跶十几二十分钟,能有效消耗孩子的体力,帮助他更好地入睡。那么事实果真如此吗?

弹跳椅的款式有很多,有的是底部有一个圆环底座作为固定,有的是悬挂在空中的弹簧绳。无论是哪一种,许多商家都会打上"锻炼腿部肌肉、增强体能运动"等卖点。

然而,过度使用弹跳椅,可能会带来三点危害。

(1)给孩子的脊椎带来压力,习得错误的运动姿势

弹跳椅让孩子一直处于直立的状态,让还没有完全掌握站立能力的孩子产生自己可以站立的错觉。

用弹跳椅弹跳与人类正常弹跳的感觉是不同的,会让孩子在早期对肌肉的发力和对身体的平衡上产生错误的认知,习得错误的姿势。另外,提前训练孩子站立,会减少孩子趴和爬行的时间,可能会导致孩子跳过爬直接学走。

(2)破坏了孩子的运动自主性和自信心

弹跳椅就像一个容器,限制了孩子的自由运动。当孩

子觉得累了，他不能自主调整自己的姿势坐下来休息。他们只能无助地发出哭声，向成人求助，这不利于孩子发展生理自信。

相信"我能做到"是一种美好的感受，弹跳椅在无形中把孩子自由运动带来的喜悦剥夺掉了。

（3）增加孩子过度兴奋的可能性

弹跳椅上下跳弹的速度很快，幅度较大，容易让孩子特别兴奋。这也是很多人觉得弹跳椅可以消耗孩子体力的原因。

然而，这样过早的、强烈的感官刺激，可能让孩子对比较安静的活动和事物失去兴趣。

除了适当动态的体能锻炼，孩子还需要一些静态的活动，比如，阅读绘本、搭建静态积木、专心做一件事情等，这些都需要相对静态的活动以及一定的专注力。

如果真的想消耗孩子多余的体力，锻炼其体能，那么不如带孩子去户外走走，这会是更自然有效的选择。大自然有着更广阔的天地，花的香气、风吹拂脸庞的感觉、小鸟叽叽喳喳的鸣唱、雨后草地里钻出来的蘑菇、缓缓爬行的蜗牛……这些对孩子来说都是特别新奇的感官探索经验，他们会被这些景象深深吸引。

美国诗人威廉·卡伦·布莱恩特曾说，"到广阔的天地中去，聆听大自然的教诲"。这就是告诉我们，养育一个孩子，我们并不需要太多的"育儿神器"，更多的时候，教育需要返

璞归真,回归到人与大自然的互动以及亲子的陪伴上。

孩子虽然走得慢,但是我们愿意陪着他慢慢走。在大自然中,孩子和我们都会有成长的收获以及心灵的滋润。

扫码关注【玫瑶老师】,回复关键词"前三年",加入全国图书共读会,一起吃透书中实用工具,和作者近距离接触。

陪孩子走过
生命中重要的
前三年

玫瑶 ◎ 著

1~3岁
育儿干货

台海出版社

图书在版编目（CIP）数据

陪孩子走过生命中重要的前三年.1～3岁育儿干货 / 玫瑶著. —— 北京：台海出版社，2022.3
 ISBN 978-7-5168-3217-2

Ⅰ.①陪… Ⅱ.①玫… Ⅲ.①婴儿心理学 Ⅳ.①B844.11

中国版本图书馆CIP数据核字（2022）第011253号

陪孩子走过生命中重要的前三年.1～3岁育儿干货

著　　者：玫　瑶

出 版 人：蔡　旭　　　　　　　　封面设计：异一设计
责任编辑：魏　敏　高惠娟

出版发行：台海出版社
地　　址：北京市东城区景山东街20号　邮政编码：100009
电　　话：010 - 64041652（发行，邮购）
传　　真：010 - 84045799（总编室）
网　　址：www.taimeng.org.cn/thcbs/default.htm
E - m a i l：thcbs@126.com

经　　销：全国各地新华书店
印　　刷：三河市嘉科万达彩色印刷有限公司
本书如有破损、缺页、装订错误，请与本社联系调换

开　　本：880毫米×1230毫米　　1/32
字　　数：263千字　　　　　　　印　　张：13.75
版　　次：2022年3月第1版　　　 印　　次：2022年4月第1次印刷
书　　号：ISBN 978-7-5168-3217-2

定　　价：69.80元（全2册）

版权所有　翻印必究

扫码关注【玫瑶老师】，回复关键词"前三年"，领取书籍配套育儿工具包。不定期与大家分享 0～6 岁的亲子养育和父母成长话题，希望我能成为您亲子路上的陪伴者和支持者。

在拯救世界的各种努力中,没有任何一项努力比我们教育孩子的方式更具有基础性。

——玛丽安娜·威廉森

第一章 1~1.5岁，自我意识初萌芽

1岁，是孩子成长的一个重要里程碑。随着孩子学会了走路，他们探索的范围逐渐扩大了，自我意识也逐渐萌芽。孩子开始喜欢说"不"，而对自己爱做的事情会乐此不疲地重复。在这个章节，我们会了解孩子在自我意识萌芽期出现的"白熊效应"、孩子重复做事情和玩游戏背后的图式密码。通过创设蒙氏小桌椅的家庭环境，给予孩子丰富的音乐卡片和语言材料，以及定格舞蹈、膝上歌谣、开关盒子等有趣的地板游戏，让孩子的专注力、自控力和表达力得到全面发展。

第一节 解读孩子自我意识萌芽期时，父母的5个疑问

宝宝吃饭难怎么办？——不吼不骂帮宝宝培养良好的习惯 / 2

说"不"，怎么成了孩子的口头禅？——拒绝宝宝会促发"白熊效应" / 9

孩子更亲近老人，怎么办？——隔代育儿不是难念的经 / 15

一本故事书读几十遍，孩子为什么不会腻？——有效重复，孩子学习的捷径秘密 / 24

孩子为什么爱钻桌底？——有边界和空间感的孩子更聪明 / 32

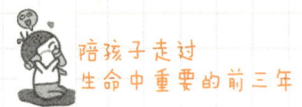

第二节 5个锦囊,提升孩子的专注力、自控力和表达力

蒙式小桌椅——打造孩子专属的小空间 / 37

有趣的膝上歌和音乐卡片——搭建语言启蒙和亲子互动的桥梁 / 41

定格舞蹈——从"听"到"做",在玩乐中学习自我控制 / 44

实物、模型和卡片——让孩子的语言学习步步高升 / 46

满足孩子的好奇心——猜猜开关盒子里面是什么 / 53

第三节 这些"坑",不要踩

玩具越多越好?这三点危害不容忽视 / 55

过晚戒奶瓶弊大于利,"一杯三步法"帮助宝宝顺利渡过 / 59

右脑开发和闪卡教育,可能只是"智商税" / 64

第二章 1.5~2岁,培养会思考、会社交的聪慧头脑

从1岁半开始,孩子越来越渴望自己做事情,并且进入社交发展的加速期。本章节,我们会运用九大气质维度,根据孩子的特点针对性提高"社交商"。对打人的孩子给予正确的"容器设置",帮助经常被欺负的孩子破除"被打魔咒",神秘袋、洞洞游戏、家庭版的蒙氏艺术和阅读区,开发孩子智力的源泉。

 目录

第一节 读懂孩子，化解社交和如厕的 5 个棘手问题

"人来疯"还是"躲起来"？——提高"社交商"，不同气质的孩子使用方法大不同 / 68

孩子被打了，要教他打回去吗？——三招化解"被打魔咒" / 80

孩子动不动就抓人、咬人、打人？——你的"容器"设置错误了 / 86

该训练孩子如厕吗？——这样如厕，大人孩子都轻松 / 92

丢不掉的毯子和安抚物，孩子是有"恋物癖"吗？ / 99

第二节 6 个贴士，保护想象力和创造力，开发孩子智力的源泉

小黑板和涂鸦墙——TDE 原则启蒙孩子的艺术发展 / 104

各种各样的"洞洞"——锻炼孩子动手匹配的敏捷思维 / 109

从大到小、从简单到困难的串珠和拼图——打通专注力、判断力和逻辑性 / 110

自制蒙氏"神秘袋"——让学习更有趣 / 116

家里的阅读区——有吸引力的环境，召唤孩子自主学习 / 119

第三节 这些"坑"，不要踩

忍不住吼孩子，吼完了又后悔，怎么办？ / 121

奖励，却让孩子成了"白眼狼" / 128

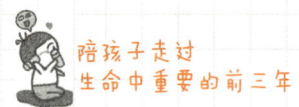

第三章 2～3岁，细养出来好性格和好习惯

"可怕的"2岁、"麻烦的"3岁，它来了！摸私处、做事磨蹭、爱哭闹、执拗、不讲理……问题行为我们逐个击破。这个章节，我们会分享如何做60分的父母，通过创建"家庭和平桌"及动手型环境，把可怕、麻烦的两三岁孩子变为我们的"合作伙伴"。SMMS金字塔模型法，让孩子感受酣畅淋漓的"心流体验"，养成善于自我纠正、专心做事的好性格、好习惯。

第一节 解开父母眼里孩子的6个成长难题

为什么父母在，孩子反而不好带？ / 136

孩子刚上幼儿园，分离焦虑很严重怎么办？ / 140

为什么孩子做事注意力总是不集中？ / 148

孩子总是摸私处，如何给他做性教育？ / 157

孩子动不动就崩溃大哭，无理取闹又执拗怎么办？ / 163

孩子总是做事磨蹭怎么办？——他不懒，而是"怕" / 169

第二节 4个锦囊，帮助孩子培养积极解决问题的好习惯

蒙氏剪工——获得"我很能干"的专注和喜悦 / 174

孩子的刺工和缝纫——培养动手解决问题的能力 / 179

打造蒙氏家庭环境——成为懂得照顾自己的人 / 183

一张"和平桌"——不再"被欺负"和"欺负别人" / 187

第三节 这些"坑",不要踩

"虎妈猫爸"还是"严父慈母"?合唱"红白脸"不能教育好孩子 / 192

不爱打招呼不是没礼貌,逼孩子打招呼才是害了他 / 199

心里想鼓励孩子,说出口的却是批评 / 205

第一章

1～1.5岁，自我意识初萌芽

　　1岁，是孩子成长的一个重要里程碑。随着孩子学会了走路，他们探索的范围逐渐扩大了，自我意识也逐渐萌芽。孩子开始喜欢说"不"，而对自己爱做的事情会乐此不疲地重复。在这个章节，我们会了解孩子在自我意识萌芽期出现的"白熊效应"、孩子重复做事情和玩游戏背后的图式密码。通过创设蒙氏小桌椅的家庭环境，给予孩子丰富的音乐卡片和语言材料，以及定格舞蹈、膝上歌谣、开关盒子等有趣的地板游戏，让孩子的专注力、自控力和表达力得到全面发展。

第一节 解读孩子自我意识萌芽期时,父母的5个疑问

宝宝吃饭难怎么办?——不吼不骂帮宝宝培养良好的习惯

看见+懂得+陪伴,是比爱更重要的事情。

> **小观察**
>
> 1岁的天天,每次吃饭都是"老大难"。
>
> 天天平时不好好吃饭,总是挑食还吃得到处都是。没办法,爷爷奶奶只能哄着、追着他吃饭,或者在他看动画片时趁机喂他吃饭。慢慢地,天天养成了不哄不喂就干脆不吃的用餐习惯。
>
> 眼看孩子吃饭没规矩,天天的父母决定调整孩子的用餐习惯。当孩子不吃饭时,他们就强硬地让他饿上一两顿,希望下次孩子能够好好吃饭。结果孩子产生了对抗情绪,就是不吃。没办法,总不能让孩子什么都不吃,营养跟不上。最后,父母只好妥协,重新回到哄着喂、追着喂的模式。

这是我曾经在一个家庭观察中遇到的真实案例,随着观察的对象越来越多,我发现这样的孩子并不是个例。在养育孩子的过程中,"吃饭难"绝对是让很多父母焦虑和头疼的问题。随着孩子逐渐长大,他有了自己的想法,想要自己决定吃什么、不吃什么。

在和孩子吃饭问题的情绪对抗中,"吃饭"变成了每日都会上演的恶性循环,变成了父母和孩子之间的权力之争。

孩子吃饭难,有各种各样的原因。我们可以通过下面这张"自查表",根据孩子的用餐习惯以及我们给孩子准备的食物这两方面,找到孩子不吃饭的原因。

类型	具体表现	是/否
用餐习惯	孩子餐前从没参与过食物制备的相关活动	
	主要是大人喂着吃,孩子很少有机会自主抓握食物进食	
	孩子很少有自己抓握勺子或者叉子的机会	
	为了让孩子吃饭时不跑动,孩子一边看电子产品一边吃饭	
	吃饭前两小时给孩子吃热量较高的零食或甜品	
	如果孩子说"饱"了并拒绝吃,大人仍然会给孩子多喂一点	
	大人和孩子并不同桌同时用餐,经常是先"搞定"孩子,大人再接着吃	

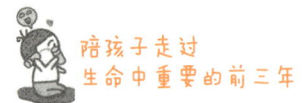

续表

类型	具体表现	是/否
食物种类	孩子经常吃流质和糊状类食物（如特别软烂的面条）	
	孩子接触的食物种类比较单一	
	孩子吃过一种食物表示"不爱吃"，此后大人就很少做	

上述表中，如果回答为"是"，则得1分，"否"则不加分。

用餐习惯（0~1分）表示孩子有较好的用餐习惯，要继续保持。

用餐习惯（2~3分）表示部分用餐的习惯需要调整。

用餐习惯（4~7分）表示需要更多关注孩子对吃饭的参与度，让孩子养成良好的吃饭规矩和习惯。

食物种类（0分）表示给孩子提供的食物种类比较丰富。

食物种类（1~2分）表示需要调整部分给孩子提供的食物。

食物种类（3分）表示需要更多关注给孩子提供的食物，丰富食物的种类。

孩子不爱吃饭的原因，除了用餐习惯和给予的食物种类外，还和我们营造的餐桌氛围有着千丝万缕的关系。父母放下焦虑，不强迫孩子用餐，营造轻松、和谐的用餐氛围，在很大程度上会影响孩子对吃饭的态度。

1. 三个方法，不吼不骂让孩子好好吃饭

（1）让孩子参与餐前准备活动

在孩子1岁左右时，开始学习独立走路了。当他们的双手不再需要撑在地板上保持平衡时，解放出来的双手就可以做更多事情。在吃饭问题上，如果能让孩子帮忙选择吃什么，或者让他参与准备食物，能提高孩子吃饭的积极性。这个阶段孩子可以做的事包括但不限于以下几点。

①撕各种各样的菜叶（颜色、味道、手感各有不同）。

②搅拌各种食材（如水＋面粉，感受食物形态变化）。

③用工具挤压柠檬、香橙等水果，制作果汁或"有味道的水"（用双手创造食物）。

④使用安全但不割手的圆头小刀，将长条的食物切成小块（练习工具的使用）。

⑤剥鸡蛋（专注力、精细肌肉锻炼）。

⑥摆餐桌（基础的数学概念，根据吃饭人数判断需要多少餐具）。

⑦在大人的帮助下洗米、煮饭（高阶的控制能力，倒水而米粒不撒出）。

⑧用洗杯刷清洗自己的杯子。

不同活动让孩子的嗅觉、视觉、味觉、触觉等多感官得到很好的开发让孩子成为小帮手,孩子会有成就感,吃饭感觉"倍香"

这些活动都可以让孩子的嗅觉、视觉、味觉、触觉多感官得到发展。当他参与到日常生活中的食物制备时,他就像我们的小帮手,孩子会觉得很有成就感,吃饭"倍香"。

不知不觉,孩子在做事情的过程中会喜欢上吃饭这件事。

(2)不给孩子贴"挑食"标签,丰富食物的种类和形态

美国著名儿科医生、心理学家本杰明·斯巴克先生,通过长期研究指出,每个儿童生来就有一套自行调节进食数量和种类、满足正常发育需要的精妙生理机制。

也就是说,宝宝清楚自己想吃什么,该吃多少。因此当孩子不爱吃某种食物,或者吃得很少时,我们不需要太焦虑,因为孩子慢慢地自然会告诉我们答案。我们要做的,是不刻意让孩子暂时不喜欢的食物消失,并通过多种方式把孩子不喜欢的食物呈现出来。

改变食物的形态

比如,孩子不爱吃牛油果,可能不是因为牛油果的味道,而是不习惯滑滑的口感。而我们用牛油果和牛奶做成奶昔,孩子就可能会喜欢吃牛油果。

灵活调整,营养搭配

我们不用过分担心孩子会因为偏食而营养不良,因为总有营养相近而口味不同的食物。家长若一直担心和焦虑,并给孩子贴上"他就是不爱吃饭"的标签,这种方式只会让孩子更加抗拒吃饭,认为自己确实是一个"问题宝宝"。

健康的饮食搭配,会把食物分成几大类:谷物主食、蔬菜、水果、奶制品、肉类、禽类和豆制品。我们要给孩子尽可能选择多样、丰富的食材,并灵活调整,孩子就不会出现营养不良的问题。

(3)给孩子吃饭的自由,也要给孩子吃饭的规矩

自由和规矩并不是冲突对立的关系,而是相辅相成的关系。我们要给孩子自由,这体现在孩子有选择自己想吃的食物的权利,他也有选择吃多吃少的自由。当他说"我吃饱了",那么孩子就可以不吃了。

对于一两岁的孩子来说,"吃多了会撑,吃少了会饿"这样的感觉如果没有亲身体会,是很难懂得的。我们要学习相信孩子的感觉,相信他会在不断体验中掌握食物摄取的量。

这和"孩子不吃就让他饿几顿"是截然不同的两种态度。

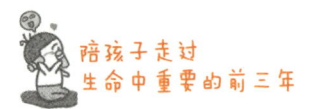

我们并非刻意惩罚孩子,"看看你能撑多久"和"我相信你的感觉,你会在吃多吃少上做出判断"是两种育儿方式。前者是我们和孩子对立起来,后者则是把吃饭的主动权给孩子,我们只给予必要的辅助。

当然,孩子享有吃饭的自由,与之相伴,也要遵守吃饭的规矩。这样的规矩和秩序越早建立起来,孩子就能越早养成良好的用餐习惯。下面是一些常见的吃饭的规矩。

①饭前两小时不吃零食。

②吃饭时不能离开餐桌,离开就代表吃饱了并且要等到下一餐才有正餐(孩子实在饿了的话,期间可以吃点无糖的酸奶或水果)。

③吃饭时不可以玩玩具、不可以看电子产品。

④每天控制高糖分、高热量食物的摄取,尤其是果汁、甜品,避免影响孩子正常的正餐饮食。

每个家庭的文化不同,规矩也各不相同。而要求孩子遵守这些规矩的一个大前提,就是照顾孩子的大人首先要以身作则,并且坚持原则,不会因为孩子的软磨硬泡,或者为了让自己"轻松一下",就率先打破规则。

吃饭不仅仅是解决温饱和营养的事情,它还是一种家庭文化,以及我们与世界互动的方式。如果父母能在早期帮助孩子养成一个良好的用餐习惯,相信这会对孩子产生积极的影响。

说"不",怎么成了孩子的口头禅?——拒绝宝宝会促发"白熊效应"

> 风可以吹起一大张白纸,却无法吹走一只蝴蝶,因为生命的力量在于不顺从。
>
> ——冯骥才

随着孩子逐渐成长,许多父母发现孩子1岁后开始变得难"管教"了。孩子特别爱反着干,越让他做什么,他越不做;而不让他做的事,他反而越来劲。

> **小观察**
>
> 1岁2个月的小考拉,特别喜欢扔东西。无论手上拿的是什么,没玩一会儿就会往下扔。妈妈说"别扔",小考拉反而扔得更欢了。
>
> 有时候奶奶给洗完澡的小考拉穿衣服,她说不穿就不穿。如果大人再穿,她就使劲哭,对大人的话根本不听。"我不、我不、我不"简直是孩子的口头禅。

1. 1岁后,孩子为什么变得"不听话"?

1岁后,孩子的生理和心理都进入一个崭新的时期,无论是语言、体能还是情感,每天都在发展。孩子变得"不听

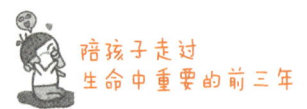

话",主要有以下两点原因。

(1)说"不",是孩子的"自我意识"开始萌芽

孩子的自我,是从说"不"开始的。孩子刚出生的时候,还没有个体"我"的概念,他们需要通过与环境的互动发展自我。而这个互动的一部分,便是和父母"抗争"。

有研究表明,18个月大的儿童已经表现出明确的自我感,他们会逐渐把自己看成一个唯一、独特的个体。

也就是在这个阶段,孩子开始和我们"叫起板来"。其实如果仔细观察就会发现,在1岁前,孩子已经开始为"叫板"做准备了。

3个月时,平时喝母乳的孩子,给他奶瓶喂养,他可能会扭过头去,拒绝吃奶嘴。

7个月时,孩子遇到自己不喜欢的食物会皱眉头,你再次把食物放在他的嘴边他会摇头,发出声音表示拒绝。

10个月时,孩子发现自己可以碰倒玩具和物品,于是重复这一动作。

孩子逐渐意识到自己发出的声音和做出的动作,是可以影响周围环境的,这为后期孩子做出的自我意识发展奠定了基础。

对于3岁以下的孩子来说,他们很难听从父母的建议,他们更遵从自身内在的引导。若一个两三岁的孩子听从我们的指令,做我们希望他做的事情,或许他并不是真正意义上的"服从"我们。只不过是我们给孩子提供的活动，恰好满足了孩子内在成长的需求而已。

（2）父母的引导方式触发"白熊效应"，孩子更叛逆

美国哈佛大学社会心理学家丹尼尔·魏格纳曾经做过一个实验，实验要求参与者可以随意想象，但是不要想象白色的熊。结果参与者的思维出现强烈反弹，很快在脑海中浮现出一只白熊的现象。

所以可想而知，在日常生活里，当我们对孩子说"不要跑"，孩子听到的是"跑"；当我们对孩子说"不要大吼大叫"，孩子会叫得更大声；当我们对孩子说"不许碰"，孩子更想拿起来摸摸看。

"不要这样做""不许那样做"的语言模式，很容易触发"白熊效应"：你越不想要的东西，反而越会占据你的思想。

我们纠正的念头越强烈，孩子感受到的是更强烈的反差回响。这也是父母越不让孩子做一件事情，他却"越来劲"的原因。

2. 三个方法，避免和孩子"叫板"，成为成长型父母

和孩子"硬碰硬"，不仅于事无补，而且容易加剧孩子和我们的冲突。我们不仅要看到孩子的发展需求，还需要调整我们和孩子互动的方式。成为一名成长型的父母，避免和一两岁的孩子产生冲突，我们可以试试以下几个方法。

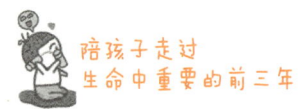

（1）是 A 还是 B？说明客观事实，给予孩子有限的选择

若我们和孩子回到家，准备洗手。如果你直接命令孩子洗手，很有可能得到的回应是"不要"。

与其和孩子僵持，不如试试这么说："终于到家啦！回到家的第一件事是洗手，保持卫生！是你先去上洗手间，还是我先去？"

总结一下就是：陈述客观事实＋给予孩子一个选择。

这样的沟通方式正向、简单有效，符合孩子的认知和心理发展特点，当我们把养育的重点放在如何让孩子更好地动手做，而不是替他做、命令他做时，孩子的积极性会提高，我们也会更轻松。

（2）动作的敏感期：让孩子多参与日常活动

我们要意识到孩子本身就是一个有能力的人，他们处于动作的敏感期，并且内心有非常强烈的探索需求。我们需要考虑孩子和我们对抗的背后，其动作发展的需求是否有被满足。

孩子的动作发展需求可以通过参与家庭日常活动得到满足。很多时候，只要我们稍微考虑一下家庭环境的布置，从孩子的角度思考他们的参与度，就可以让孩子有事可做，减少我们与孩子的冲突。

①在洗手台下面加一个踩脚蹬，孩子可以自由上下洗漱，不需要父母扶着洗。

②使用小号的倒水壶，方便孩子双手抓握自己倒水喝，不

需要父母提醒喝水。

③进门玄关处安装与孩子身高匹配的、矮的挂钩,孩子可以自己脱下冬天的帽子和外套挂好。

④减少衣柜里衣服的数量,让孩子更容易管理自己的物品,更好地选择今天穿什么。

通过模仿大人的行为,孩子发现自己可以照顾自己,甚至可以照顾身边的人,他感受到自己是一个有能力的人。他可以为家庭、为其他人贡献自己的力量,找到自己的归属感和价值感,也会减少与我们的对抗。

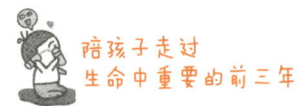

(3)管教有度,提前告知,明确规则

在一次次的经验中,孩子会更加了解自己,明白如何与他人、环境更好地互动。对于会威胁到孩子安全的事情,父母要做到向孩子反复明确规则。比如,孩子走崎岖不平的路时,必须牵紧父母的手,平时不玩厨房里的明火开关、不把手放在插座的洞里等。

带孩子去参观博物馆或者去拜访朋友时,也需要提前告知孩子什么样的行为是可以的,而什么样的行为是不被允许的。做到心中有规则,行为有忌惮。

至于那些不会对孩子造成重大人身安全的事情,则可以让孩子适当承担后果。比如,孩子鞋子穿反了,但是他执意要出门。我们可以尊重孩子的决定,让他自己承担随之而来的后果。他或许会觉得脚不舒服,或许会摔倒,但这都是他成长的体验。

孩子更亲近老人，怎么办？——隔代育儿不是难念的经

人们的生活压力越来越大，越来越多的家庭不得不选择隔代育儿的生活方式。为了让子女更好地兼顾家庭和工作，许多家庭的老人自然承担起了照顾孩子的工作。

然而，隔代养育的问题层出不穷，年轻人觉得老人带娃用的是老方法，不科学；老人又看不惯年轻人所谓的与时俱进的育儿方式。平时老人陪伴孩子的时间更长，很容易形成孩子和老人更亲密的现象。

说起"隔代育儿"的问题，其中父母们共鸣最大的就是"如果老人带孩子比较多，孩子会变得不亲近父母"。这一部分父母认为：孩子更亲近老人，是因为老人事事顺着孩子，但真的是这样吗？

1. 孩子为什么会更亲近老人？

孩子更亲近老人，主要有两点原因。

（1）不是更亲近老人，只是孩子处于不安全依恋中

美国发展心理学家玛丽·爱因斯沃斯跟其同事为了测试婴儿与母亲的关系，专门设置了一个陌生情境实验。

这个实验主要是将一名婴儿带到一间不熟悉的、摆满玩具的房间里，然后观察：当母亲在身边时孩子对环境的探索

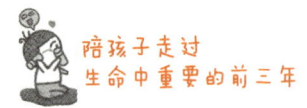

情况；当陌生人进来，母亲离开时孩子的反应；当母亲重新回到房间时孩子的反应。

玛丽·爱因斯沃斯将幼儿的不同反应归类为以下几类。

安全型依恋（母亲离开时会难过，母亲回来时会去接近母亲并感到快乐）。

回避型依恋（母亲在时不会关注母亲，母亲离开时也没情绪变化，母亲再次回来也不会寻找母亲）。

拒绝型依恋（母亲离开时会大哭，母亲回来时会生气，可能会推打妈妈）。

紊乱型依恋（母亲在时也会不安，母亲不在了会找母亲，母亲回来了会跑开或突然哭泣）。

简单理解就是，安全型依恋的孩子把妈妈当成了安全堡垒，妈妈是孩子内心安全感的来源，但"不安全依恋"（回避型依恋、拒绝型依恋和紊乱型依恋）的孩子无法通过妈妈获取安全感，他更容易对新鲜事物的探索表现出害怕和犹豫。

而幼儿对外的探索离不开内在安全感的建立，如果妈妈不能给予幼儿安全感，那么孩子就会通过其他方面来获取安全感。

所以"更亲近老人"的孩子，只不过是"不安全依恋"下对安全感的自我选择。

（2）亲近老人是孩子的成长需要

美国心理学家哈洛的"恒河猴实验"通过给恒河婴猴两个不同材质的"妈妈"来研究亲子关系。实验里，这两个

"妈妈"分别是能喂奶的"铁丝妈妈"和用棉布填充的"绒布妈妈"。

通过这个实验哈洛发现,虽然"铁丝妈妈"能提供食物,但恒河婴猴更喜欢待在温暖的"绒布妈妈"身边,尤其在受到惊吓时第一时间寻找的是"绒布妈妈"。

但"绒布妈妈"抚养长大的猴子出现了不合群、性格极其孤僻的情况,所以哈洛对实验进行了改进,把"绒布妈妈"制作成可以摆动的样子。

而在社交方面,实验者给予婴猴每天一个半小时与其他正常猴子玩耍的时间,通过这次改进,"绒布妈妈"养育的婴猴基本与自然成长的猴子没有差别。

哈洛通过这个实验提出了亲子关系存在三个变量,触摸、运动、玩耍,他认为这三个变量能满足灵长类动物的全部需要。

所以现实生活中,当父母无法长期陪伴孩子时,老人成为孩子的照料者和运动、玩耍的陪伴者,在这种情况下,孩子为了成长需要,自然就会与老人建立稳定持久的依恋关系,这种关系只是孩子成长需要的自然选择。

2. 隔代养育的两个误区

(1)父母对孩子付出了,孩子就应和父母亲近

好不容易放假,想带孩子出去玩,享受独处的亲子时光,

孩子却说奶奶不去他也不去；最近加班多没陪孩子，买了孩子最喜欢的玩具想和他一起玩，结果刚给孩子，孩子就直接跑去找爷爷玩；陪孩子时间少，心里很内疚，所以总想找时间补上，可孩子并不领情。

其实孩子缺少的是父母给予的安全感。长期缺乏陪伴，父母在孩子的心里不再是"安全基地"，他们探索和玩耍的第一选择不再是父母。

而安全感不是简单的一两次付出就可以获得的，只有孩子认定你是能帮助他的人，他才能在你身上找到安全感。

所以我们要想让孩子和自己亲近，首先要让孩子对我们产生安全感，不然任何付出都是白费。

（2）孩子不亲近父母，是因为孩子小时候父母陪伴少

我们都知道在孩子婴幼儿时期，父母的陪伴对亲子关系非常重要，但父母陪伴的时间和亲子亲密度并不成正比。

有两个家庭，一个家庭父母都是上班族，老人带孩子，但爸爸每天下班回家一定会带孩子下楼玩一个小时。另一个家庭妈妈全职带孩子，两个家庭的孩子也经常一起玩，他们各自对父母的依恋程度没有任何区别。

所以陪伴孩子时间多的父母只是有更多的机会获得高质量的亲子关系，陪伴孩子时间少的父母不代表亲子关系就一定很差。只不过需要父母更珍惜陪伴孩子的每一分钟，让自己更有技巧地去做亲子陪伴。

老一辈带娃，确实更容易存在溺爱孩子的问题。但说到底，核心的问题是父母如何尽快和孩子建立良好的亲子关系。那么究竟如何解决"隔代宠"的问题呢？我认为以下三点尤为关键。

3. 三个原则，重建亲子关系，破解"隔代宠"

（1）先接纳，放松、温暖的陪伴才能让孩子对父母产生依恋

建立良好亲子关系的主动权掌握在父母的手中，虽然孩子的内心也渴望着父母的爱，但是不能有意识地调动自己和父母亲近起来。

当父母对孩子不再求全责备、过分要求，也不对老人心存芥蒂时，孩子就能感受到父母的爱，他才会慢慢对父母产生依恋和信任。

孩子会明白，自己不需要时刻讨好父母，哪怕做得不够好，父母也不会责怪。这样孩子能逐渐放下心中的戒备，慢慢与父母亲近起来。

父母也应该及时反思，总结归纳自己之前做得不对的地方，努力为孩子营造一个更温馨的成长空间。

（2）使用双向交流和孩子互动

建立良好亲子关系的重点是与孩子开展有目的的互动以及双向的交流。和孩子一起进行球类游戏是一个很好的选择，

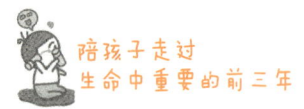

因为球类可以滚动起来，能促进孩子与父母的双向互动。

我们可以在互动中调整球滚动的位置、传递的远近和难度。如果球滚得太远，孩子会失去玩球的信心；如果球滚得太近，孩子会觉得太容易，没有意思。这也是我们在互动调整中和孩子进行的双向交流。

在这样的游戏过程里，我们通过眼神、动作、语言及时回应孩子，这样良好的亲子关系自然就能建立起来。他们会认为父母是可以信任的，就会与我们亲近起来。

我们还可以在互动中通过镜像模仿孩子的语言和动作，这也是双向交流的方式，有利于拉近我们与孩子的关系，同时提升孩子做事情的专注力。

比如，当孩子在搭积木，他将很多积木拼搭在一起。我们可以这么说："我看到了你把积木搭在另外一块积木上面。你搭得很高！"（镜像模仿孩子的语言）

"我也要将积木搭在另外一块积木上面，搭得高高的。"（镜像模仿孩子的动作）

在这样互动式的模仿中，孩子能意识到自己是受关注的，并在父母的鼓励中增加自信心。

我们还可以在孩子搭更高的积木时，"静悄悄"地将孩子可能会用到的积木块，少量放在孩子的旁边，避免孩子受不必要的干扰，创造一个积极的环境供孩子自我探索。在互动中适时地鼓励和帮助孩子，孩子自然会和我们建立非常深厚的情感连接。

（3）需要纠正孩子的问题行为时，用"EPC法则"让孩子喜欢你

多数时候，亲子关系紧张，其实是成人的行为将孩子越推越远，而建立稳定健康的亲子关系，我们可以采用"EPC法则"。

"EPC法则"具体指的是面对孩子的行为我们应该先共情然后再给孩子建议，让孩子感受到一致的目标。

例如，孩子在椅子上跳来跳去，一般情况下为了孩子的安全我们肯定要阻止孩子，但结果往往是孩子跳得更欢乐，或者大人和孩子陷入情绪僵持。

这时我们不妨给孩子跳椅子的建议，比如和孩子说："你在椅子上跳得很开心，我也很想跳（共情）！但这个椅子太小了，跳来跳去不安全，我们可以一起在地板上跳，我知道一个很棒的跳格子游戏，我们一起来玩吧（提出建议＋一致目标）！"

这样的方式相比直接说"不可以"会更好，因为你们的目标是一致的，这会让孩子对建议的抵抗情绪变小，从而更容易对家长产生信任。建立良好亲子关系的基础就是让孩子对家长产生信任，从而获得安全感。

4. 建立同盟，循序渐进重新获得老人的支持

如果家里的老人存在过度溺爱孩子的问题，我们也需要

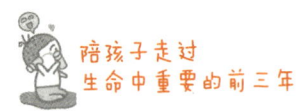

与老人进行沟通。其实我们和老人并非对立的,大家心中都有共同的目标,立足这一点,相信一定可以共同养育好孩子。

(1)与老人统一养育的行为准则,同时弥补老人的心理缺失

老人带孩子,本身有一定的局限性和特殊性,针对不恰当的养育行为和做法,我们只需要提前给这部分老人"打一针预防针",告诉老人什么该做,什么不该做。比如,一周给孩子吃三次糖果是可以的,但是睡前吃糖是不可以的。

这条底线不单是老人需要遵守的,父母也需要遵守。与此同时,我们也需要把遵守执行的原则灌输到孩子的头脑当中。

而且在生活中,我们也不要忘记多多关心老人,给予他们适时的鼓励与夸奖。当他们感受到自己的行为是被认可的时候,他们会很欣慰和快乐。

(2)肯定孩子对老人的依恋,表达对老人的感激

我们和老人进行沟通时,"尊敬"是基础且重要的信条。用尊敬的态度和口吻与老人沟通,是获得老人支持的必备要素。

生命的本质是需要被看见,如果我们能够看到老人内心深处对孩子的爱、对依恋的渴望,我们会变得宽容。

我们经常教导孩子要说"谢谢""对不起",但是自己经常忘记对老人说谢谢。当我们从语言、行动上经常对老人表示感谢,他们会被打动,会相信自己是有价值的。

家不是一个"讲道理"的地方,我们应该放下"谁对谁错"的问题,引导老人着眼于孩子的未来,共同为孩子的未来发展做出努力。当我们以这样的态度和老人沟通时,双方一定会相互配合、互相体谅。

孩子的一生会亲近很多人,而内在的安全感会影响他爱一个人的方式。所以不要去纠结孩子亲近谁,只要他爱他的家人,你也爱他就足够了。

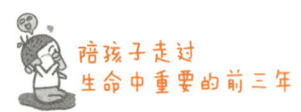

一本故事书读几十遍,孩子为什么不会腻? ——有效重复,孩子学习的捷径秘密

重复是学习之母。

——狄更斯

> **小观察**
> 妈妈陪小花看书时发现了一个特殊的现象:家里的图书数不胜数,但是孩子翻来覆去特别喜爱看的只有那一本《小猪佩奇》。有时候想给孩子换一本新的书,带她学点"新知识",孩子却不乐意,非得读平时的那一本。

细心的你或许会发现,孩子不仅是在看绘本时表现出重复行为,孩子1岁之后,还有许许多多"奇怪"的行为,比如:重复看同一部动画片;重复唱同一首歌;重复说相同的话(有时候是自说自话);重复把盒子打开又关上;重复扔东西……

实在是太多了!为什么孩子这么喜欢做重复的事情呢?

1.孩子爱重复,背后有两点原因

(1)重复,让孩子更有内驱力自我学习

如果你仔细观察,就会发现孩子喜爱看的书,经常会出现重复性很高的桥段。比如在《小猪佩奇》的绘本里经常会出现的画面和语言。

> **《小猪佩奇》里重复的桥段**
> A. 片头佩奇的自述:"我是佩琦!这是我的弟弟乔治,这是我的妈妈,这是我的爸爸!"(配上熟悉的片头音乐)
> B. 结尾跳泥坑:"佩琦喜欢在泥坑里跳来跳去,大家都喜欢在泥坑里跳来跳去!"

重复度越高,孩子越喜欢。这是为什么呢?通过对孩子的观察,我总结了孩子自我学习的流程。总体来说,孩子会经历重复、期待重复、自我确认、自我认同几个阶段。

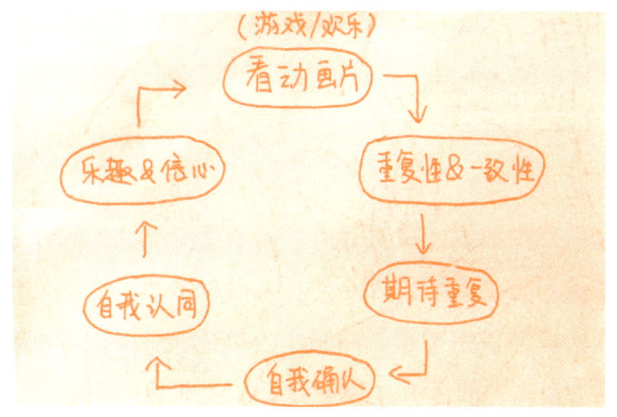

自我学习循环图

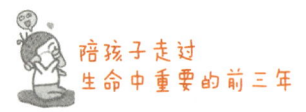

首先，孩子习惯在不断地重复中形成富有逻辑的记忆。

接着，他的大脑会期待这些熟悉的语言、画面、故事情节再次出现。

于是孩子开始了自我确认的过程。"啊！期待的故事情节果然出现了。""我猜得果然没错！"孩子会在这种自我认同中感受到学习的乐趣，并且富有自信心。这种动力会驱动他重复学习。

在重复的过程中，孩子不断总结经验，不断迭代和更新自己已有的知识，以获得新的技能。这也是瑞士心理学家让·皮亚杰提出的儿童心理发展认知的"思维图式"和"动作图式"。在这些重复的图式中，孩子总结自身经验，并促进自身发展。

（2）重复，帮助孩子建立自信心和精准判断力

中国有一个词叫"熟能生巧"，这和目前很多大脑神经科学"用进废退"的观点不谋而合。

人出生时拥有很多大脑神经元，在2岁的时候达到巅峰，然后神经元开始减少，在7岁时达到成人的水平。

毫不夸张地说，在生活中，孩子重复的动作和经验决定了孩子是一个怎么样的人。神经元也会修剪不常用的神经通路，方便人们做出更精确的判断。在这个过程中，重复的经验起到了很重要的作用。

> **小案例**
> 卖油翁能够非常轻松自在地把油倒进铜钱眼大小的油壶口中,而不溅出来一点,旁人很惊讶,问他:你是如何做到的?
> 他说:"无他,惟手熟尔。"

NBA 三分射手库里,因为拥有优秀的三分投射能力而名扬天下,同样是 NBA 球星还能够闭眼罚篮的乔丹、背身三分的麦迪,他们的毫不费力是因为都曾努力练习。他们日复一日地重复练习,通过不断自我确认和自我改善,让自己的肌肉"产生记忆",做出精准的动作。

我们都有很多生活经验,我们可以通过用眼睛看,来判断用多大的力气搬起一个空箱子。我们的大脑自然内化,不需要任何思考就能做出动作。而孩子没有这样的能力,他需要通过不断的重复体验,才能做出更精准的判断。

2. 最适合孩子玩的五种重复游戏

孩子重复的行为,是为了发展他的思维和动作。对于 18 个月前的孩子来说,正处于感知运动阶段,他们是通过视觉、听觉、嗅觉、味觉、触觉这五种感官来体验和学习世界的。

小知识

瑞士心理学家让·皮亚杰认为孩子不断重复的动作图式，是协调知觉和运动的系统，他将儿童发展的顺序、认知的发展和增进划分为四个不同的发展阶段水平。

· 感知运动阶段（0 ~ 18个月）

· 前运算阶段（18个月 ~ 7岁）

· 具体运算阶段（7 ~ 12岁）

· 形式运算阶段（12岁 ~ 成年）

因此在孩子感知运动发展这个阶段，给孩子提供大量的感官游戏，也就是跟随孩子的兴趣，顺水推舟，帮助孩子早期的感官刺激体验和学习得到发展。下面这五种游戏，孩子不仅喜欢，而且孩子可以在重复的同时获得自主学习力。

（1）沙水游戏

沙子和水能给人非常特别的触觉体验：神奇的流动性。当孩子双手捧起沙子和水，它们会调皮地从指缝中流出去。而如果将沙子和水混合在一起，孩子们可以根据自己的意愿随意捏出各种造型，这是任何一种人工合成的玩具都无法比拟的。

我们可以带孩子去大自然中，比如海边、公园的沙池，在寒冷的地区我们还可以和孩子堆雪人、打雪仗等。

> **小贴士**
>
> 给孩子准备"工作服"。"工作服"可以是 PVC 防水材质的,也可以是毛巾料吸水材质的。有了这样一套简单的"工作服",孩子就可以尽情玩耍,爸爸妈妈也不用担心孩子弄脏衣服或者打湿衣服感冒了。

(2)混合游戏

孩子对不同形态的混合会十分喜欢。以下是一些建议。

①提供不同颜色的橡皮泥和颜料,供孩子混合、揉捏和涂鸦。

②将用完的马克笔,放入容量相当的喷壶里,让孩子摇一摇,混合得到一瓶颜料水,然后提供白纸给孩子喷画。

③加入食用色素,让喷壶里的水颜色更加饱和。夏天,可以将废旧的破床单挂在阳台或户外让孩子喷洒。冬天可以喷洒在雪地上。

④把食用色素,滴在面粉团里揉成各种颜色。

⑤在花园里捡一些小花,放入冰格里。几个小时候后你就会得到一盘好看又好玩的"花冰",孩子会玩得爱不释手。

⑥孩子画过颜料的纸,干透之后拿出来,鼓励孩子在上面叠加混合其他颜色。

(3)转移游戏

移动包括孩子自我移动以及移动物品。

自我移动：给孩子提供空间，供孩子爬行、扶站、学步。

移动物品：把一个东西从一边搬到另一边，给孩子提供可以搬运的物品和容器。例如：给孩子两个小杯子，其中一个杯子里装一些水，鼓励孩子将有水的杯子倒入空杯子里；将核桃从一个盒子里转移到另一个盒子里并盖上盖子；推着小推车，将推车里的物品推到另外一处。

（4）滚动和拉拽游戏

移动就是孩子在玩，玩就是孩子在移动。

①给孩子提供不同材质、不同大小、不同重量的球，孩子可以滚动、投掷和抱着行走。

②在小滑梯上放一个小车玩具，让孩子观察小车滚动的过程，不同高度的斜坡小车玩具滑行的速度会不一样。

③在玩具上绑一条小绳子，让孩子可以拉着走。

④将圆柱体的容器，例如饮料瓶等，放在地上，让孩子用两只手推动它向前滚动。待孩子能熟练操作后，我们可以让孩子把滚筒推到指定位置。

（5）打开和关上的游戏

孩子可以在重复游戏中探索空间的关系，并且发展心智。例如：打开一个瓶盖，再盖上，然后让宝宝模仿；开灯和关灯；不同的抽屉里放入不同的东西，让宝宝打开"寻宝"；提供套娃、套塔等大小不一的材料供孩子探索。

这些游戏都是1岁左右的孩子特别喜欢的。重复练习是人类的天性，就学习而言，仅理解是远远不够的，为了理解我们眼前的世界，孩子必须通过不断地重复，与环境进行深入互动。

当孩子重复做自己喜欢的事情时，他们的思维和动作得到了发展。他们会发现事物之间的关系，并获得一种全新的、更好的理解方式。

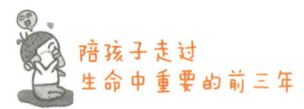

孩子为什么爱钻桌底？——有边界和空间感的孩子更聪明

> 儿童对活动的需要几乎比食物的需要更为强烈。儿童的一切教育都必须遵循一个原则，即帮助孩子身心自然地发展。
>
> ——玛利亚·蒙台梭利

随着孩子不断成长，他们逐渐"解锁"了爬行、学步等动作技能。许多父母会发现一件"怪事"：孩子放着宽敞明亮的路不走，却特别喜欢躲藏在相对密闭的空间里。例如：钻桌底、躲在衣柜后的小缝隙、藏在被子里……如果父母制止孩子，他们甚至会大哭大闹。

1. "钻桌底"背后的秘密：孩子游戏的"图式"

在生命的前六年，孩子们是通过动作、运动和感官来获取信息学习的，这些早期的感官经验和动作对孩子的学习和发展至关重要。

孩子在一定时间内，会自发地重复某一个动作和行为，而这些重复的动作是有一定的心理学意义的，它会帮助孩子在大脑中建立内部的认知结构，让·皮亚杰把这些重复的动作称为——图式。

> **小知识**
>
> 简单来说,我们可以把"图式"理解为重复的行为模式。既包括外显的身体动作或技能模式,也包括内隐的思想、概念、语言、情感模式。
>
> 常见的儿童图式有八种,包括轨迹图式、定向图式、连接图式、旋转图式、围合图式、包裹图式、定位图式、搬运图式。

图式是孩子自发重复的行为,也是孩子学习的方式。比如孩子喜欢钻桌底、藏衣柜,到狭小的空间进行探索,就体现了围合和包裹的图式。孩子钻入狭小的空间时,他们会想:

"咦,这个桌底的空间有多大?我的身体有多大?我能顺利穿过去吗?"(用眼睛和感知预测空间)

"我要试试看!"(用身体丈量和感知空间)

这会让孩子感到有趣,促使他重复练习。而在探索的过程中,孩子的自发重复行为还会不断升级、重组。比如,会将若干游泳圈套在自己的身上;用纸箱子构造出自己的专属空间。这会让孩子形成新的思维形式和思维结构,帮助他们更好地理解自己和这个世界。

2.孩子探索小空间的三个益处

虽然孩子钻桌底、探索小空间会沾一身灰,但其实对孩

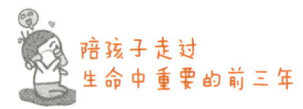

子的发展有着非常积极的意义。只要不涉及安全方面的问题，父母大可以放心让孩子探索体验。

（1）探索小空间，孩子可以了解自己与空间和物品的关系

孩子在钻桌底，或者一些小空间的时候，就像是把自己包裹、隐藏起来。在一段时间里，孩子对占据这种相对封闭的空间会产生极大的兴趣。孩子根据空间的高度、大小，调整自己的身体与之匹配，展现他们对高度、大小、距离的认知和理解。这会让孩子形成新的思维形式和思维结构，帮助他们更好地理解自己和这个世界。

（2）带来边界感，让孩子更有安全感

当胎儿还在妈妈肚子里的时候，胎儿被围合在胎盘和羊水中，这是孩子最早期的包裹经验。对于孩子来说，如果寄身于一个较狭窄、经过观察和确认、相对熟悉的空间里，就会产生安全感。这是人与生俱来的一种本能感觉。

许多行为学家与心理学家认为，人类有许多行为方式和心理现象都来源于古人类。例如山洞是原始人的天然"保护所"，躲进山洞，意味着相对安全。这种山洞安全感随着人类的进化，演化成了狭窄空间安全感。

这种边界感会让孩子学习判断自己在空间里的位置，感知在多大的空间里自己能是最安全的。比如，钻进多大的空间里玩耍，不会撞到头、不会被卡住。

这些探索都会让孩子更好地了解自己和所在空间的关系，对周围环境进行感知以及产生信任,从而让自己更加独立、自信。

(3)探索小空间,可以帮助孩子更快适应新环境

如果孩子对自我和小空间的关系,能有良好的判断和把握,那么孩子的这种感知判断会影响他对更大空间的适应度。

当孩子来到一个陌生的环境,他能够快速对空间做出认知判断,能够很快适应新环境。他明白做什么事是安全的,做什么事则可能不安全。比如,头伸出窗外是危险的,因为超过了空间安全的边界感。

他会知道自己在这个新的空间里是处于什么样的位置,知道自己在新环境里怎样移动身体、感觉最舒服、不会撞到其他物体。一旦孩子对自我和空间的关系有了良好的把握,他们就可以更加放松自然地与他人社交。

3. 三类空间探索的小游戏,让孩子更自信

(1)搭建帐篷和"隐蔽"空间

专属小空间。设置一个安静的小角落,可以是一个小帐篷,或者用支架和纱幔支起来的小空间。在这个半封闭的空间里铺上小毯子、靠枕,孩子就有了属于自己的小空间。或者在桌子上铺上围巾,或者半透明的纱幔,用重物压住固定,让纱幔垂下来与桌底形成一个小空间。

(2)探索空间边界感的创造性游戏

使用各种材料为作品装饰边框。孩子可以感受物品的边界。

画影子。让孩子躺在地上，描绘出孩子的体型。孩子可以沿着边沿用颜料或者马克笔对影子进行装饰。

（3）探索多元建构游戏

乐高动物园。用积木搭建出围栏、隔层，让孩子感受包裹和围合的空间。

使用更多天然的材料。可以用沙子、小石块、金属材料杯进行堆叠、围合、建构。

纸箱洞穴。大的纸皮箱不要扔，和孩子一起剪出门窗，做一个洞穴。

各种投入和套入类的游戏。控制小手精细肌肉的练习。

第二节

5个锦囊,提升孩子的专注力、自控力和表达力

蒙式小桌椅——打造孩子专属的小空间

教育所要求的只有一项:通过孩子的内在力量达到自我的学习。

——玛利亚·蒙台梭利

随着孩子会直立行走,他们的双手不再需要放在地上辅助自己平衡了,此时双手被赋予了更多向外探索世界的工作。可以通过直立行走,用手拿到任何自己感兴趣的物品进行探索。

这个时候,我们可以将孩子的爬行垫移走,在矮柜的旁边增设一套小桌椅。桌子的宽度和高度大约1米,刚好适合孩子使用。

这是孩子独立玩耍的小空间,我们可以鼓励孩子在小桌上做一些简单的桌面游戏,比如涂鸦、拼图等。环境设置要适应孩子成长的变化,这样孩子才能更专注、更方便地玩耍。

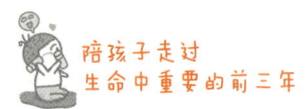

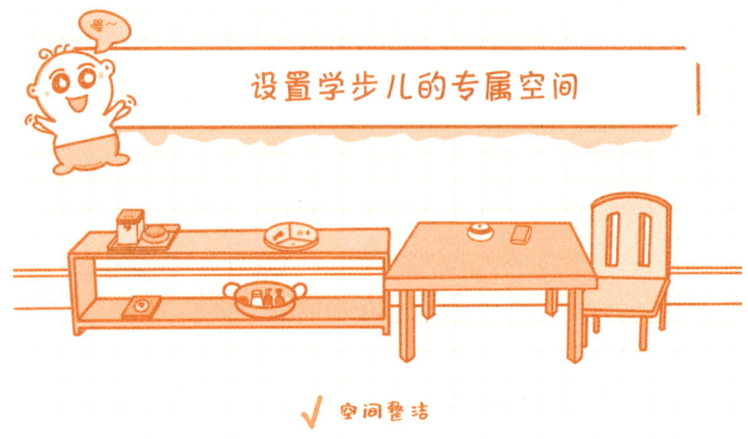

✓ 空间整洁

1. 让宝宝更专注，小桌椅的四个使用原则

（1）小桌椅放在靠近矮柜的地方，方便孩子取放东西

孩子可以从开放性矮柜上拿取玩具，到旁边小椅子上坐下来，独立做一些简单的桌面活动，比如涂鸦、拼图、串珠等。

根据家庭空间的大小和孩子的使用情况，矮柜可以放1~2个，2层或3层的都可以。如果家里没有太多的空间放矮柜，也可以将电视柜清空，拿来当矮柜使用。

（2）桌椅功能专一化

专门用来给孩子学习、玩耍使用的小桌椅，不是茶几桌，也不是置物桌。固定、场景化的环境可以让孩子玩耍得更专注。

就像我们的家庭环境里,餐桌是用来吃饭的,茶几可以用来喝茶,而书桌是大人专心工作的地方。书桌创造了一个固定的、场景化的环境,我们会下意识地告诉自己,坐到书桌前,意味着要专心看书、写字。桌椅功能专一化可以使孩子玩耍的时候更高效,让孩子在家里也有一个可以专心"办公"的地方。在这个独立玩耍的空间,孩子会变得更加专注且平静。

(3)选用白色或木色的桌椅,无形中能"提示"孩子保持整洁

这套桌椅最好是白色或者是木色的。干净的纯色系传达这样一个信息:我很白,我很干净,请不要把我弄脏。

不需要我们用言语提示孩子保持整洁,好的环境本身就会指导儿童。想象一下白色的桌面上有几道彩色蜡笔的印记,是不是特别明显呢?这也就发出了一个信号,让孩子将桌子擦干净,保持环境卫生。事实上,如果我们可以给孩子示范如何擦桌子,孩子会很乐意学习。

(4)有重量的小桌椅,鼓励孩子使用"最大化努力"做事

小桌子和椅子不要太轻,它们要足够稳固,但也不要太重,孩子能够用自己的力量搬动它们就行。这给刚学会独立行走的孩子提供了一个绝佳的大肢体动作锻炼的机会。

想想自己刚刚学会骑自行车的时候,是不是跃跃欲试,

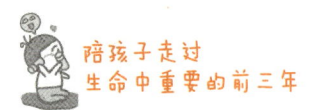

空闲的时候就想去骑车兜风呢?孩子也是一样的,经过了一年左右的时间,他们终于学会了走路,此时他们会迫不及待地使用走路这个技能,做更多他们认为有意义的事情。

家庭环境里有很多家具,孩子是无法移动的,但是孩子渴望移动这些物品。你会发现孩子会乐此不疲地将他的小椅子移到一个地方,然后再移动到另一个地方。而搬动这个椅子,他们需要付出"最大化努力"。他们会使用自己最大的力气做事情,这是一种非常美好的经验。

当我们用尽全力、想尽办法攻克一道难题,喜悦也会油然而生。刚刚学会走路的孩子,用自己最大的力气搬动桌子和椅子,这种喜悦之情会滋养他们,增强他们的自信心。

"最大化努力"的经验越多,孩子对力量的使用和控制会越来越好。许多1岁多的孩子,对大肢体动作的控制是不够的。比如,你让孩子把玩具轻轻地放进箱子里,孩子可能"哐"的一声放得特别重。不是孩子故意要和我们唱反调,只是他们没有太多动作的经验,他们并不知道什么是"轻轻地"、什么是"重重地"。让孩子有机会用"最大的力气"做事,就是让他衡量自己力量的边界,更专注地做事情,成为积极主动、自信独立的人。

有趣的膝上歌和音乐卡片——搭建语言启蒙和亲子互动的桥梁

音乐表达的是无法用语言描述,却又不可能对其保持沉默的东西。

——维克多·雨果

音乐可以帮助自我表达,我们可以通过旋律、节奏表达情绪和情感。音乐触动我们的方式,是其他方式替代不了的。如果我们生活在一个有音乐的环境里,那么孩子也会学习欣赏音乐。

孩子刚出生时,我们会配合孩子改变我们说话的声音,使声音变得很有弹性、更有音乐性。这是"宝宝引导的语言"。

音调变高,说话更有节奏、动听。孩子更喜欢这样的声音,更容易被吸引,我们也可以通过这样的声音安抚他们。

我们鼓励孩子用唱歌来表达,唱歌可以让孩子感受良好。无论是自己唱歌,还是听别人唱歌,都会让他们心情变好。

孩子出生后,最棒的体验就是听到别人唱歌的声音。在家里让孩子听到歌声,会对孩子产生积极的影响,让孩子对唱歌有好的态度。在环境里听到别人唱歌,孩子会觉得这是正常的一种表达方式。我们对待唱歌的态度,和对待说话的态度是一样的,如果我们愿意站在别人面前讲话,我们也应该愿意

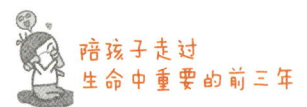

站在别人面前唱歌。

1. 膝上歌

膝上歌是一个有趣的歌曲游戏。大人保持坐立，让宝宝面对面坐在我们的大腿上，然后我们哼唱一首歌谣，同时跟随节奏双腿左右交替轻微抖动。宝宝可以感受歌谣的节奏，并且拥有身体动态平衡感的体验。

当孩子习惯了一段时间后，他的平衡感和对父母的信任感更强了，我们可以调整孩子的坐姿，让其背朝我们，脸朝外，父母的双腿由左右交替轻微抖动变为跟随节奏上下抖动，为孩子提供更多的趣味性。

膝上歌可以是父母哼唱的，也可以播放背景音乐。给孩子听的歌曲不仅限于儿歌、古典的、凯尔特的、雷鬼的，甚至迪斯科都可以。各种各样风格的音乐歌曲，可以极大地丰富孩子早期对音乐的体验。

当然，也不是所有的歌曲都适合孩子听。一般来说，选择那些有重复旋律和节奏的音乐，孩子比较容易形成记忆点，一起参与到风格各异的音乐中。

配合反复出现的节奏，我们可以抖动双腿，让坐在我们身上的宝宝可以多重感官体验"字符节奏"。我们还可以给孩子提供一些小沙锤、小鼓，让孩子一起感受、体验。如果歌曲中重复的歌词多次出现，孩子甚至能唱出来这些歌词。

如此，孩子就能从欣赏音乐、享受过程，逐步过渡到自我表达中来。

2. 歌唱卡片

我们还可以自制2~3张"唱歌卡片"。

卡片上有歌词，以及和歌词相关的图片。我们将这些卡片放在篮子里，虽然孩子还看不懂字，但是他会将歌曲和卡片上的图片做关联。孩子或许会拿卡片来找爸爸妈妈，表达他想听、唱这首歌。如果孩子喜欢，我们可以制作很多这样的卡片。隔段时间更换一些新卡片，孩子会更容易保持兴趣度，享受当中的乐趣。

扫码关注【玫瑶老师】，回复关键词"前三年"，领取音乐卡片工具包，和孩子一起玩耍！

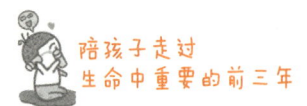

定格舞蹈——从"听"到"做",在玩乐中学习自我控制

孩子对音乐的喜爱,是从不断吸收到逐渐表达的过程。

接下来的这个"定格舞蹈"的小游戏,对宝宝的反应力、理解能力、记忆力、规则意识和创造力都有促进作用,是很好的亲子互动游戏。

我们需要准备一首动感的音乐,请一个人帮忙播放音乐和控制音量。当音乐响起时,我们抱着宝宝翩翩起舞,音乐一停,我们立刻变成"木头人"——保持原有的姿势一动不动。音乐再次响起时,我们继续抱着宝宝舞动身体。

在重复这一系列动作的过程中,孩子会感知音乐有反复地突然开始和停止的特点,并且开始期待音乐停止,大家都变成"木头人"时的状态。这经常会让宝宝哈哈大笑并期待参与其中。

我们也可以提前录制好音乐,让这些旋律偶尔停止,然后继续,这样我们就可以和宝宝一起跳舞、一起停止,一起享受游戏的乐趣。

1. 加入更多"定格乐趣"

当孩子稍大一些,我们可以和孩子手牵手一起舞蹈,或者加入小沙锤一起演奏。在音乐停止的时候,做一个"结束动作"。

孩子会开始艺术表达和创造，他们会尝试用多种形式表达开始和停止的音乐特点。例如，他们会在音乐停止的时候倒下，或者在音乐停止的时候将小沙锤放在自己的头上做出停止的动作。

这些动作，都是孩子从纯粹的听觉练习逐步到自我表达的跨越和进步。

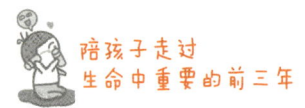

实物、模型和卡片——让孩子的语言学习步步高升

决定孩子一生的教育,就是从婴儿刚降生就开始的教育,这是为生命提供帮助。它形成了一场和平革命,并且将所有的实物都集中和吸收到一个共同的目标和中心上来。

——玛利亚·蒙台梭利

帮助孩子学习语言,就是给孩子的生命提供一种辅助。如此,孩子可以更好地与他人交流,与自然互动。

在语言的学习中,我们需要先让孩子接触真实物品。因为孩子首先理解看得见的东西,然后才能慢慢了解看不见的、抽象的东西。这个很容易理解——我们没有见过的物品,你会发现用语言描绘是非常匮乏的。对于6岁前的孩子来说,他们是感官学习者,需要靠视觉、听觉、嗅觉、味觉、触觉这五种感官来学习,语言的学习也是如此。

比如,当我们给孩子一个苹果,他看到苹果红彤彤的颜色,摸到苹果的形状,闻到苹果香喷喷的味道,咬起来脆脆的口感,这些感官刺激都可以帮助他理解苹果是什么。

慢慢地,孩子可以将"苹果"这个发音和实物匹配起来。即使眼前没有实物苹果,当我们用语言说出"苹果"时,他们也可以在头脑中想象出苹果的样子。

总体来说,我们可以通过实物、模型和卡片这三个工具,帮助孩子循序渐进学习语言的抽象化。

1. 从具体到抽象，循序渐进的三个语言游戏

（1）语言实物游戏

我们可以准备一个小篮子或小托盘，里面放入3～5个孩子日常生活中会使用到的真实物品。这些物品通常是一个类别的。分类别的实物，相当于把无规律的事物变为有规律的，可以让孩子学习语言更有条理性和逻辑性。

小篮子里可放入一条内裤、一件上衣、一顶帽子、一双袜子，我们还可以添加布尿布、裤子、婴儿的鞋袜、围嘴。这样就是一组分类物品（选取其中的3～5个）。

还可放入一根青瓜、一个玉米、一个茄子、一个西红柿、一根胡萝卜，这样也是一组分类物品。如果在夏天，孩子去游泳，我们也可以添加孩子游泳时穿搭的物品。

我们可以使用一张小垫子，将这些分类好的实物依次从篮子里取出，然后摸一摸、闻一闻，同时告诉孩子这个物品的名称。邀请孩子也来摸摸看、闻闻看。当孩子感受物品的时候，我们可以重复说出这个物品的名称，帮助孩子将语言和实物匹配起来。当孩子全部熟悉了之后，我们可以问孩子："香蕉在哪？""苹果在哪？""你可以给我柠檬吗？"通过对话的方式帮助孩子练习语言和实物的匹配。

语言学习的过程通常是很自然的，因为孩子每天在生活中都会遇到这些物品。物品的安全性、真实性是我们在准备材料

时需要考虑的。学习了这些常用的词语,孩子可以很好运用在日常生活中,表达自己的需求,这也是为孩子的独立奠定基础。

(2)语言模型游戏

当孩子对实物有了一定的了解后,我们可以给孩子复制品,也就是模型。

使用模型,可以将更大的世界带给孩子

例如,我们带孩子去过动物园,为了让孩子增加更多的词汇,给孩子提供一组动物的仿真模型会方便很多。

仿真模型,可以进一步发展孩子的认知能力

我们给孩子的模型是分好类别的,比如长颈鹿、大猩猩、非洲象、雄狮,这些都是动物。随着孩子认知的提升,我们可以给孩子细分类型的模型,比如喜欢小车的孩子,我们可以给他提供不同类型的车辆模型,比如吉普车、跑车、轿车、越野车等。这既能丰富孩子对这些细分名称的认知,又能提高孩子学习的趣味性。

> **小提示**
>
> 在提供模型时,我们需要注意每个模型的尺寸,最好是一比一复刻还原的。比如,一组农场动物的模型里,奶牛的尺寸比较大,公鸡的尺寸相对奶牛会小很多。
>
> 注意模型的尺寸,有助于孩子更具像地学习模型的逻辑关联。

（3）语言卡片游戏

我们还可以打印、自制一些小卡片，作为语言启蒙的小工具。一般来说，卡片上的图片是孩子特别熟悉的，并且孩子会按照类别归类。比如一套完整的衣物类的语言卡片，包括了一顶帽子图片、一双鞋子图片、一件连体衣图片、一双手套图片等。可根据孩子的情况提供 5 ~ 8 张。

制作语言卡片，对孩子有以下两个好处。

卡片的信息量更丰富，能给孩子提供更多信息

比起模型和复制品，语言卡片所能包括的物品更多，比如家具、树、游乐场等。卡片内容也可以是日常的交通工具，如汽车、自行车、提篮、校车、观光游览车等。图片信息对孩子来说都是非常熟悉的。

我们还可以将和孩子相处的人的照片打印出来，可以在上面写上他们的名字，这样不仅有趣，孩子参与感强，而且还可以提升孩子认知能力的发展。

卡片可以为孩子提供书籍阅读前的良好过渡

给孩子介绍语言卡片，其实就是逐渐引导孩子认知真实的物品可以通过符号、文字来代替。这是更为抽象的，也是孩子阅读书籍的过渡。当孩子能理解这些抽象的概念，孩子便得到了自由。因为他们跳出了实体物品的限制，可以用抽象的名称表达自己的理解。

孩子学习语言的能力是强大的，他们每时每刻都在学习，并且努力用自己的方式表达出来。

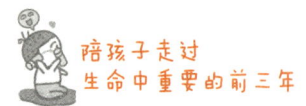
陪孩子走过
生命中重要的前三年

作为父母或养育者,我们能做的就是强化孩子生活中常用的词汇,在环境中反复说出这些物品的名称。虽然孩子在12个月左右时才会说出第一个真正意义上的词,但我们不是被动等待着孩子说出词句,而是要在日常的生活中,就给予孩子丰富语言的环境。

小提示

·打印时选用硬的卡片材质,可避免低龄的孩子揉捏时造成损坏,缩短卡片使用寿命。

·打印后及时塑封,方便平时擦洗清理。

·一套卡片的尺寸必须是一致的,并且四边用剪刀修剪成不锋利的圆弧形。

·除了卡片外,防水、咬不破、撕不破的简单绘本也是好选择。

扫码关注【玫瑶老师】,回复关键词"前三年",领取语言卡片工具包,和孩子一起玩耍!

2. "三段式语言游戏学习法",原来语言可以这样玩

无论是给孩子提供实物、模型还是卡片,我们可以使用

"三段式语言游戏学习法",让孩子一边玩,一边更好地学习语言和词汇。三段式教法最早是爱德华·塞金发明的,被蒙台梭利广泛应用到她的教法里。我们可以运用这个方法来让孩子学习事物的名称和特质。

所谓的"三段式语言游戏学习法",包括了命名、练习和测试三个阶段。

(1)命名阶段

这个阶段就是对实物、模型或者卡片里内容的名称进行命名。比如,将一组水果的实物一一取出来,放在垫子上,告诉孩子名称。拿出来的同时,指一指实物,说"这是苹果""这是香蕉""这是雪梨"。

（2）练习阶段

这是最有趣的部分，可以反复练习。在介绍完全部的物品后，问问孩子："苹果在哪里？""请你指一指香蕉。""你可以把橘子给我吗？"我们还可以通过移动垫子上物品的位置，让孩子来找，锻炼孩子的视觉匹配能力，增加活动的趣味性。

（3）测试阶段

这一阶段不是一定要做的，我们可以根据孩子的能力来选择做或者不做。如果孩子比较大了，并且对这些物品非常熟悉，我们可以指着苹果问："这是？"由孩子自己将名称说出来；而如果孩子还处于练习阶段，对部分名称还会混淆，那么我们还是回到前面练习阶段的游戏法。

总的来说，无论是给孩子提供真实物品、模型还是语言卡片，我们都可以用"三段式语言游戏学习法"和孩子进行互动。当然，最好的语言启蒙还是要回归到生活中，耐心倾听孩子，和他们多说话。在这个基础上，所有的工具和方法才能起到事半功倍的效果。

满足孩子的好奇心——猜猜开关盒子里面是什么

0～6岁的孩子，处于感官探索的敏感期，对这个年龄段的孩子来说，生活中的小物品是非常奇妙的玩具。父母认为孩子在"瞎玩"，但孩子却有另一番感受。

①玩纸巾：抽完一张怎么还有一张，有魔法！
②玩塑料袋：这个声音真有趣！还花花绿绿的，真好玩！
③玩眼镜：你脸上有个不一样的东西，给我看看是什么？
④玩项链、衣服上的绳子：什么东西晃来晃去的？
⑤玩遥控器和手机：好多凸起的小按钮，用手一按还有反应，真好玩！

这些小物品满足了孩子对声音、颜色、味道、触觉的探索需求，他们会自然呈现出强烈的兴趣。与其制止，不如我们来制作一个小工具，让宝宝充分探索，感受其中的乐趣。

1. 开关盒子，打开孩子的好奇心

我们可以收集一些容易打开和关上的盒子，比如鞋盒、礼品盒、空的塑料瓶子，在盒子里面放入一些小玩具和日常生活用品。

邀请宝宝摇一摇，猜猜盒子里面是什么？这样不仅能增加孩子的感官经验，对孩子的语言和逻辑推理能力的发展也

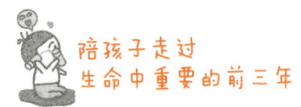

都很有帮助。

我们给孩子示范如何打开和关上盒子,然后鼓励孩子试试看。

孩子这时正处于动作的敏感期,会自发地专注练习手眼协调,乐此不疲地重复将小玩具放进去和拿出来,并且学习打开盒子(比较简单)和关上盒子(更具挑战)。

当孩子在玩盒子的盖子时,我们可以配合孩子的动作告诉他们"打开"和"关上"的概念,同时在孩子玩盒子里的玩具时和他说"里面"和"外面"。在孩子将玩具全部取出来和全部放进去的时候,和他说什么是"空",什么是"满"。

如此,孩子在玩耍的过程中,便会习得诸如"大小""里外""空满"等概念,此外,孩子还能学习分辨不同物体的重量、大小和形状。倒出和装满盒子的动作,还可以锻炼孩子的运动技能以及解决问题的能力。

2. 延伸活动:打开和关上

将日常生活中用完的小瓶子、小罐子清洗干净,完全晾干,用一个小篮子收纳装好,放在孩子的活动矮柜上,给宝宝示范如何打开这些小瓶子和小罐子。孩子会在探索中学习如何顺时针、逆时针方向扭开瓶盖,还会学习各种打开和关上的技巧。

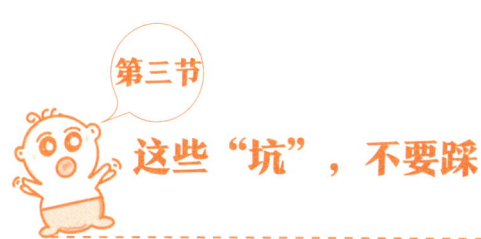

第三节 这些"坑",不要踩

玩具越多越好?这三点危害不容忽视

随着生活水平的提高,父母给孩子买的玩具越来越多了。有一部分父母认为,玩具也花不了多少钱,只要是孩子想要的,基本上都会满足孩子。

然而,孩子各式各样的玩具越来越多,问题也接踵而来。

比如,家里的玩具已经堆成一座小山,但是孩子喜欢玩的不外乎那几个。孩子每次玩的时候不专心,随便摆弄一下就没了兴趣,还不停要求买新玩具。收拾玩具变成了孩子和大人每日上演的拉锯战。

1. 不是越多就越好

在"给"和"接"的过程中,玩具可以促进孩子社会性的交流互动。当玩具被用来促进孩子从平行游戏进入交玩游戏时,玩具就成了互动的媒介。

虽然丰富多样的玩具能给孩子带来快乐,但过多的玩具

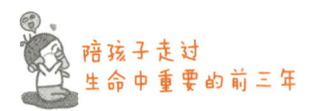

或不适合孩子年龄发展阶段的玩具,却会引发不良效果。心理学教授克莱尔·勒纳曾说,给孩子们过多的玩具或不适当的玩具会损害他们的认知能力。因为在过多的玩具面前孩子会显得不知所措,从而没有办法集中精神去玩其中某一个玩具,也不能从玩中学到知识。

玩具太多,可能会带来以下三个问题。

(1)容易降低深度探索能力,影响专注力的发展

想必许多人都有这样的经验:我们想从书柜里找一本书,但因为书籍实在是太多了,我们在找的过程中,注意力被分散了,不知不觉翻看了其他书籍,甚至忘记了自己原本要找的是什么书。

对于低龄孩子来说,他们"有意注意"和"持续专注"的时间要比成人短得多。玩具太多,反而会干预孩子对单一玩具深度探索和玩耍的能力,不利于孩子专注力的发展。

(2)不利于孩子秩序感和安全感的建立

玩具太多,收纳管理就是一个巨大的挑战,如果没有及时整理,很容易变成"灾难现场"。

玛利亚·蒙台梭利曾说,0~4岁的孩子,正处于秩序感发展的敏感期。

秩序感是自小开始,从生活中的点点滴滴进行培养的。一个有秩序的环境,可以帮助孩子认识事物、熟悉环境。如果你细心观察,就会发现孩子天生对玩具摆放的顺序、位置,甚至使用的方式有强烈、刻板的秩序倾向。

这种外在的秩序感，可以说是内在安全感建立的基础。因为熟悉的感觉会让孩子感觉良好，从容不迫，容易创造内在安定感。而混乱摆放的玩具，则不利于建立统一的秩序和规则。

2. 给孩子多少玩具，需要考虑以下两个要素

（1）孩子是否可以自主收纳和管理玩具

根据孩子玩耍的空间，设置一个合理的收纳区，能够满足与帮助孩子的秩序感发展，也可以最大限度地让孩子参与收纳，培养其物归原位的好习惯。

一般来说，1～2个收纳柜的空间是比较理想的。使用收纳柜，再结合各式收纳篮，可以实现比较精简的收纳风格，同时又可以满足分类的需求。

当孩子再大一些的时候，可以运用矮柜里放收纳篮，把玩具放在收纳篮的方式，在篮子外进行标签分类，在家里实现分类的收纳方式，让孩子做整理归纳玩具的工作。

（2）玩具是否都被有效利用

玩具那么多，孩子是否都有拿出来玩呢？如果仔细观察你会发现，太简单的玩具，孩子玩得并不专心，他们会随处摆放，甚至一两周都没有再拿起来过。这一类型的玩具，可以先收起来，看看孩子会不会来找。如果一两周孩子也没有来找，我们可以和孩子沟通，将玩具清理或者送人，并补充新的玩具。

如此，孩子可以对玩具保持一定的新鲜感，我们还可以减少玩具的数量，让孩子玩耍时更加专注。

对于难度太高、不符合孩子认知和抓握能力的玩具，孩子玩耍时容易感觉到挫败。这类型的玩具也可以暂时收起来，过段时间再拿出来，也许孩子就可以玩得很好了。

无论是玩具的种类还是数量，适合孩子的玩具，才是最好的。

过晚戒奶瓶弊大于利,"一杯三步法"帮助宝宝顺利渡过

孩子有吸吮的本能,很容易学会用奶瓶喝奶,但是"请神容易送神难",戒掉奶瓶就不那么容易了。孩子前期使用奶瓶的时间越长,后期对奶瓶的依恋会越大。

那么孩子什么时候戒奶瓶比较合适呢?美国儿科学会给出的建议是:宝宝6个月之后就该学习使用杯子,12个月时要停止使用奶瓶,最晚18个月一定要彻底戒除奶瓶。

我们可以理解为,在孩子6~12个月这段时间,我们可以给孩子介绍杯子,平时让孩子有使用杯子的机会,并助其练习如何使用。经过半年的时间作为铺垫,在孩子12个月时,基本可以顺利使用杯子喝水了。最晚到18个月,一定要让孩子彻底戒除奶瓶。

这个时间段练习使用杯子也和宝宝的生理发展相符合。比如6月龄时,绝大多数孩子的小手精细肌肉可以掌握"整手掌"抓握,这个动作的发展正好支持孩子可以抓起食物送入口中品尝,以及抓握起一个小杯子靠近嘴边。

1. 戒奶瓶的三大危害

如果孩子两岁还没有使用正常的杯子喝水,容易产生以下三点危害。

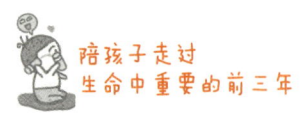

（1）引发蛀牙，影响牙齿健康生长

孩子长期使用奶瓶喝奶，最大的问题就是容易诱发蛀牙。尤其是在夜间，如果孩子睡觉时嘴里还含着奶嘴，口腔里容易残留奶水，而配方奶里的糖分较母乳来说更高，容易引起孩子蛀牙。

（2）咬合不正确，影响面部骨骼发育

如果孩子两岁后还没有戒除用奶瓶喝奶、喝水的习惯，那么孩子发生唇、齿和脸部变形的概率就很大。孩子在两岁左右长齐20颗乳牙，若长期用奶瓶喝奶，外力的作用会让宝宝的上唇和上颌骨向外凸，造成鼻腔压迫，形成"口呼吸"。

久而久之，孩子就容易出现"地包天"等口腔问题，影响面容和面部正确骨骼肌肉的发育。

（3）形成不正确的心理依赖，不利于独立发展

对于新生儿和6个月以前的婴儿来说，母乳或者配方奶是最适合他们的食物。

然而在6个月后，孩子会用一日三餐逐渐取代母乳和配方奶，这就是孩子走向独立的过程。如果此时孩子仍然用奶瓶喝水、喝奶，那么会不利于孩子内在独立和自信心的发展。

2. 奶瓶好方法，"一杯三步"帮助宝宝喝水喝奶更独立

无论是喝奶还是喝水，宝宝饮食习惯的养成并不是一天两天的事情。低龄孩子习惯的养成，主要依赖于父母或者照

料人的养育方式。根据孩子月龄和使用奶瓶的情况，我推荐"一杯三步"的方法。

（1）"一杯"，使用"断奶杯"

如果孩子 6 个月龄前很少使用奶瓶或母乳亲喂，我们可以直接用小杯子给孩子喂水。

这种杯子有人称为"断奶杯"。意思当然并不是要求孩子在 6 个月的时候就断奶。如果我们把断奶看成是一个过程，那么当孩子吃上第一顿辅食时，断奶的历程就开始了。

"断奶杯"需要满足以下两个特点，才能辅助孩子更好地使用。

小尺寸，适合孩子整手掌抓握

"断奶杯"是专门给宝宝使用的，我们需要考虑孩子是否可以在不借助父母的帮助下，独立操作使用。一般来说，"断奶杯"的尺寸非常迷你。它的容量大约为 40 毫升，口径 4 厘米，高度 5～6 厘米。这样的尺寸孩子用一只手就可以紧紧抓住杯子，将其靠近嘴边，可以提高孩子成功操作的可能性。

另一方面，因为容量小，也易于孩子练习和父母清理，不会出现孩子打翻后"水灾泛滥"的情况。

玻璃材质、有一定重量

理想的"断奶杯"是透明的玻璃材质，不仅通透美观，也具有真实性。在最开始的时候，我们在杯子里装上 10～20 毫升的水，靠近孩子并喂他喝。慢慢地，等孩子可以独坐后，孩子就可以学习握着杯子自己喝。

在之前的时间里，孩子已经有很多机会练习吸吮和吞咽了，只要我们信任他，让他多尝试几次，你很快就会发现孩子喜欢上了这样的方式。

（2）"三步"，循序渐进使用戒奶瓶

如果你的孩子从小是用奶瓶喂养长大的，那么让孩子一下子接受用杯子喝水或许会不习惯，甚至会表现出抗拒。

在这种情况下，孩子需要更多的时间来适应。不妨试试看从三个时间段，分三步循序渐进过渡。

6~12个月，使用鸭嘴杯

鸭嘴杯介于奶嘴瓶和吸管杯之间，一字形状的杯口增加了与牙齿的接触，可以平衡孩子牙齿的受力，也可以一定程度上避免发生牙齿变形。

12~18个月，使用吸管杯

慢慢地，我们可以试着给孩子使用吸管瓶。使用吸管的方式和使用奶嘴的方式是截然不同的，吸管更多运用到了孩子整个口腔的肌肉，可以帮助孩子进一步接受新的方式。

18个月以上，完全使用断奶杯或尺寸合适的敞口杯

如果孩子经历了这样循序渐进的方式，从半闭口的杯子逐渐过渡，一般情况下他就可以使用完全开口的杯子喝水了。

这时我们可以在客厅设置一个倒水台，创建一个孩子可以自己倒水、喝水的环境。孩子会认为自己是一个有能力的人，他可以照顾自己，照顾环境，当客人来访时甚至可以倒水给客人喝。他深刻认识到自己是家庭的一分子，并为此感到自豪。

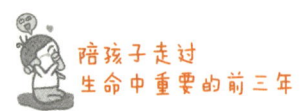

右脑开发和闪卡教育,可能只是"智商税"

闪卡最早起源于20世纪60年代的美国,是美国人格连·杜曼发明的一种视觉刺激卡片。

在很多以右脑开发的思维课程里,我们会看到老师通过使用快速闪动卡片的方法,以极快的速度,把卡片进行反复交叠替换,同时念出对应的词汇,让孩子被动记忆这些词组。

多年来,人们对闪卡的使用一直有许多争议,支持者和反对者各有各的观点。支持使用闪卡的家长和机构以"左右脑思维训练"作为标签,主张开发右脑,他们认为大脑还有90%待开发。而右脑开发就是使用各种适合右脑工作的方法来激活右脑,激发其潜能。

支持闪卡的人认为,6岁前是右脑最活跃的阶段,尽早对孩子进行感官训练,可以促进孩子的右脑发育。而通过使用"闪卡",可以刺激孩子的视觉感官,培养他们的记忆力、观察力、思维力、专注力、语言能力和理解能力。

但是这样填鸭式的灌输,真的是好的启蒙教育吗?

对于大脑的认知和使用,一直是科学家们研究探索的重点。人脑确实是有左右之分的,但是所谓的"右脑开发"或者"全脑开发",还是存在不少疑点。

美国儿科学会曾对闪卡做出评论:这种治疗方案基于过时的、过于简单的大脑发展理论。现有的信息不能支持提议者关于这种治疗方案有效的说法，其使用仍然是没有保证的……

与此同时，儿童神经精神学、认知发展心理学等组织也对这种模式治疗提出了质疑。比如，研究证据不足、夸大效果等。

我们再来看看孩子学习语言的过程。在闪卡教育中，虽然孩子通过强输入快速习得了很多语言，但是这些语言是在他不理解这些词的含义之前，被强行灌输的概念。

语言习得的过程中，听、说、读、写是环环相扣的。口语先于书写语，而书写必须由口语来支持，这便是孩子自然学习语言的逻辑。一岁前的孩子，会通过不断地听，吸收父母说话的声音，然后再模仿父母的语言进行表达。

在真实的语境中，孩子学习了说话的逻辑、表达的含义、与他人沟通的认知，最后才能将言语和文字对应起来，了解其中的含义。

这个过程中的每一步都是息息相关、环环相扣的。阅读的基础是理解。如果不理解文字背后的含义，就算孩子能认得几千万字，那么意义是不大的。

真正的教育，一定不是揠苗助长，而是需要激发孩子的自我驱动力，孩子能自我引导、自我学习、自我肯定。比起大人控制闪卡，决定"闪"的速度、"闪"的内容，我认为孩子自主探索和体验更重要。

蒙台梭利曾说:"我听到了,我就忘记了。我看到了,我就记住了。我做过的,我就理解了。"孔子也曾说过类似的话:"吾听吾忘,吾见吾记,吾做吾悟。"说的都是"听不如看,看不如动手做"这个最简单的道理。

学习最重要的是尊重孩子自然发展的规律,尊重孩子学习的过程,而不是结果和成绩。

闪卡要不要使用,我们需要参考科学的结论,同时结合自身情况选择适合孩子的方式。我们要成为一个有判断能力的家长,给予孩子良好的学习环境,促进他们的身心发展。

第二章

1.5～2岁，培养会思考、会社交的聪慧头脑

从1岁半开始，孩子越来越渴望自己做事情，并且进入社交发展的加速期。本章节，我们会运用九大气质维度，根据孩子的特点针对性提高"社交商"。对打人的孩子给予正确的"容器设置"，帮助经常被欺负的孩子破除"被打魔咒"，神秘袋、洞洞游戏、家庭版的蒙氏艺术和阅读区，开发孩子智力的源泉。

第一节
读懂孩子，化解社交和如厕的5个棘手问题

"人来疯"还是"躲起来"？——提高"社交商"，不同气质的孩子使用方法大不同

培养教育人和种花木一样，首先要认识花木的特点，区别不同情况给以施肥、浇水和培养教育，这叫"因材施教"。

——陶行知

> **小观察**
>
> 我的朋友有一对5岁的双胞胎，两个孩子从小在同样的家庭环境里长大，父母养育孩子的方式也基本一致，但是两个孩子的性格截然不同。
>
> 面对同样的社交冲突，比如被其他孩子抢玩具，姐姐会采取主动行动，她会一把抢过玩具，大声地说："这是我的，你不能抢我的玩具！"而妹妹正好相反，她的方式是号啕大哭，等待姐姐或者其他家人来帮忙。

以前人们总说孩子是一张白纸，但当我真正成为一个幼儿教育领域的工作者，在十余年里接触过很多孩子后，我越来越觉得：孩子生下来并非是一张白纸。

尽管后天家庭环境会极大地改变孩子，但是越来越多的科学研究证明，婴儿生下来，就已经带着各自与众不同的性格特点。

家里有新客来访，有些孩子是"人来疯"的自来熟，而有些孩子却是"躲起来"的慢热者。这些，都是孩子们生下来就带有的"先天气质"。

孩子的性格特点及思维行动方式可谓天差地别，如果我们想要帮助他们提高社交能力，就需要了解孩子的独特性，看到他们不同的气质类型，才能真正给予有效的帮助。

1. 了解孩子性格所属的气质维度

气质类型有很多流派，但最为全面的，应该属19世纪60年代由美国心理学家托马斯和儿童心理学家切斯做的儿童气质研究。

托马斯和切斯博士用14年时间，对141名新生儿进行追踪研究，最终得出以9个维度来衡量孩子的气质类型。

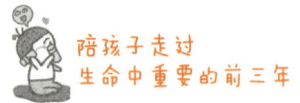

气质类型的九大维度

活动水平

规律性

趋避性

适应度

反应阈值

反应强度

情绪质量

分心性

注意力广度和持久性

九大气质维度	具体表现
活动水平	·活动水平指的是孩子在日常生活中吃饭、睡觉等身体运动时的活动量 ·活动水平高的体现：爱爬家具、精力旺盛、睡眠时动作多 ·活动水平低的体现：喜欢安静地玩拼图、吃饭速度慢、睡眠时身体不会经常动
规律性	·规律性是指日常生活作息的稳定度 ·规律的体现：吃饭、睡觉、排便规律 ·不规律的体现：每天早上醒来的时间不一样；午睡时间和排便不规律，如厕训练难
趋避性	·趋避性是指孩子对从未接触的人、事、物等表现出来的最初反应 ·趋避性强（害羞退让）的体现：见陌生人会哭；第一次给谷类食物会拒绝；第一次去海边会害怕，不会去海里 ·趋避性弱（积极主动）的体现：爱笑；在别人家过夜，一整晚可以睡得很好
适应度	·适应度是指孩子在面对转变时的适应情况 ·适应度强的体现：喜欢洗澡；容易服从 ·适应度弱的表现：每次剪头发会尖叫和哭；不服从
反应阈值	·反应阈值是指外界的刺激要达到多大的程度才能引起孩子的反应 ·反应阈值低的体现：当爸爸回家时会跑到门那里；睡觉时总需要被紧紧抱着 ·反应阈值高的体现：可以和任何人待在一起；无论是仰躺还是俯卧都可以很快入睡

续表

九大气质维度	具体表现
反应强度	·反应强度是指孩子对内在和外在刺激产生反应的激烈程度 ·反应强度高（强烈）的体现：如果玩具被抢走，会哭得很响亮；兴奋和高兴的时候尖叫；吃饱了坚决拒绝继续吃 ·反应强度低（温和）的体现：当另一个孩子打了他，虽会表现得很惊讶，但并不会打回去；被训斥时不会有太大的反应
情绪质量	·情绪质量是指孩子在不同情况下所表现出愉快情绪和不愉快情绪的多寡 ·情绪质量积极的体现：和兄弟姐妹一起玩；爱笑；当成功把鞋子穿上后会露出笑脸 ·情绪质量消极：剪头发时会哭、扭动身体；妈妈离开也会哭
分心性	·分心性是指孩子进行活动时能不因外在因素打扰而中断的程度 ·容易分心的体现：孩子正在发脾气，但让他参与另一个玩的活动，他就不发脾气了；小的时候抱着摇一摇，就不会哭着要吃的了 ·不易分心的体现：如果拒绝给孩子想要的东西，孩子会尖叫；忽视妈妈的要求
注意力广度和持久性	·注意力广度和持久性是指孩子从事某项活动的时间长短，以及能顾及的事情的广度 ·注意力广度和持久性长的体现：玩拼图直至全部完成；当给孩子展示如何做一件事时，孩子会观察 ·注意力广度和持久性短的体现：如果玩具比较难玩，孩子很快就会放弃；如果脱衣服遇到困难会马上要求帮助

对比以上 9 个维度，我们可以更好地了解孩子是一个怎样的人。气质类型没有好坏之分，它是人天生带来的气质。了解孩子气质的 9 个维度，可以帮助我们更好地因材施教。

如果孩子属于气质类型维度里"适应性低""反应强度大"的类型，而我们为了让他更快融入新环境，就把孩子向外推，你会发现孩子不会变得积极主动，反而会更往后退缩。

如果个性文静的妈妈，希望从小培养孩子的美感和艺术气质，于是经常带孩子去参加音乐会，参观博物馆，学习茶艺和书法，但是孩子属于气质类型维度里"活动水平高"的类型，给孩子选择茶艺和书法这种比较安静的活动，你大概率会对孩子的反应感到失望。因为孩子经常会坐不住、跑、闹，甚至开始"捣乱"。如果孩子长期处在消极负面的评价中，他会觉得自己是个没有价值的人。

因此，如果我们能根据孩子气质维度的不同，因材施教，那么孩子的成长就会更快乐。现在我们就来聊聊，如何帮助不同气质维度的孩子提高自己的"社交商"，让他和伙伴更好地学习和玩耍。

2. 帮助各种气质维度的孩子提高"社交商"

（1）如果你的孩子活动量大、活泼好动

这类型的孩子，我们需要帮助他消耗多余的精力，让孩子意识到自己的行为以及对他人的影响是社交的重点。

这类型的孩子很容易兴奋,当他开心地把别的孩子抱得很紧时,我们可以说:你好喜欢这个小朋友啊,我们可以轻轻地和他握个手,他可能会感觉更舒服哦!

当孩子好奇地想去拿其他孩子的玩具时,我们可以提醒他:这不是你的玩具,如果你要玩可以先问问对方是否同意,不然他会难过的。

通过语言,帮助孩子意识到自己的行为,给他人带来的影响,帮助孩子更好地理解界限,找到更合适的方式与他人互动。

在生活中,我们也需要给予活动量大的孩子更多体能活动空间,让孩子消耗多余的精力,满足他生理的需求。体能类、竞技类和控制类的游戏,是能促进社交发展的游戏,非常适合他们。

①体能类的游戏:老鹰抓小鸡、放风筝、抢板凳。

②竞技类游戏:玩平衡车、跳绳、踢球。

③自我控制类游戏:一二三木头人、二人三足。

(2)如果你的孩子容易退缩、对人际交往比较敏感

这类型的孩子需要更多的"热身运动",他们需要花更多的时间观察环境里的人和事,需要不断确认环境,直到感觉环境是安全的、可靠的才会慢慢开始社交和行动。面对这样的孩子,给予他们提前热身的时间和循序渐进的"递梯子"引导十分重要。

第二章
1.5～2岁，培养会思考、会社交的聪慧头脑

提前热身

每次我们带这类孩子参加聚会或者活动时，可以先带孩子去目的地，和孩子先在那里玩一会儿，让孩子提前适应环境。

这样慢热型的孩子不会因一下子需要面对很多人而产生社交压力，而是有一个循序渐进的过程。这样的方式能让他感觉安心，并且有一种掌控感，帮助他更好地与他人社交。

递梯子

害羞、易退缩的孩子需要父母更多的耐心、陪伴和相信。采取"递梯子"式的陪伴，可以帮助孩子逐步完成社交挑战，获取自信，并相信自己是一个有能力的人。一把梯子，从底部到顶部，有很长的距离，要到达顶部并不容易。但是如果我们分解难度，循序渐进地帮助孩子，孩子就会不知不觉完成挑战。

当孩子面对新的环境、新的挑战，选择退缩时，我们可以按照下面的方式"递梯子"。

抱着孩子，帮他说出内心的感受。"新的环境和朋友，让你有点害怕，是吗？"（接纳孩子，帮助孩子认识自己的感受）

"我们可以先在旁边看一看，看看别人是怎么做的。"（帮助孩子找到排解社交焦虑的方法）

当孩子看了一段时间，稍微放下紧张之后，我们可以说："上次你去参加一个派对，一开始也是很紧张，后来我们不

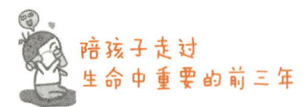

是也交到很多好朋友吗?"(让孩子回顾成功的经验,唤起信心)

观察孩子,给予孩子时间,直到他愿意迈出第一步。当孩子愿意迈出第一步时,不要忘记给孩子鼓励!(陪伴、相信、正向循环)

如此,慢热型的孩子就会一步一步地打开自己,和他人更好地互动交流。

(3)如果你的孩子主动好奇、适应度高

提高孩子的自我警惕度,培养其做出独立判断,是这类型孩子社交的重点。

很多家长认为,自己的孩子主动、对事物好奇、适应能力强,社交能力很好,也就没大人什么事了,让孩子自己去玩就好。

但是事实上,这类型的孩子,反而容易成为"问题孩子"。因为这类型的孩子很容易融入环境,随环境做出改变。

如果这类型孩子遇上其他品性比较差的问题孩子,他也很容易融入环境并被同化,价值观也容易产生偏差。而且低龄段的孩子,也容易和陌生人亲近,没有危机意识。

因此养育这类型的孩子,我们的重点要放在以下方面。

①鼓励孩子多多输出自己的见解,多问孩子:"你是怎么想的?""你对这件事怎么看?"

②通过"过家家"的方式,和孩子进行情景演练,预知

可能会遇到的问题,让孩子看到事物的两面性。

(4)如果你的孩子情绪反应强、坚持度比较高

培养孩子的同理心,帮助他们读懂"社交信号"很重要。

遇到一点小事情,就容易发脾气的孩子,情绪的反应比较强,我们需要帮助他们意识到自己的情绪以及他人表现出来的"社交信号"。

比如,如果孩子大吼大叫的时候遭到另外一个孩子的白眼,孩子是否能够意识到,并且停止大吼大叫?对方的反应,就是一种强有力的"社交信号"。

如果不能读懂这种"社交信号",孩子仍然我行我素,坚持做自己,长此以往会影响孩子的社交。发出"社交信号",不是孩子天生就会的,而是通过后天与他人的互动中习得的。帮助情绪反应强、坚持度高的孩子意识到这一点,让他们用更适当的方式表达自己的情绪和需求,能让孩子更同理他人。

引导孩子专心听别人说话

如果孩子没有听,我们可以多次重复。

帮助孩子留意他人的行为,洞察"社交信号"

试着理解别人行为背后传递的原因。比如,"我看到那个小朋友的脸都黑了,他可能不大喜欢你一来就把他的玩具拿走"。

想象别人的感受

比如,"小朋友的玩具被抢走了,他觉得特别难过"。

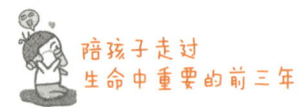

用更恰当的方式回应

比如，"我们可以问问这个小朋友，我可以和你交换玩具吗"？

在不断练习中，孩子会变得越来越同理他人，他也能更加敏锐地观察到别人的"社交信号"，调整自己互动的方式，让自己的需求更容易得到满足。他也会开动脑筋想办法，让自己成为一个更加积极主动的孩子。

3. 四大技巧，帮助孩子快速加入伙伴当中

有些孩子可以很自然地加入其他小伙伴的游戏中一起互动，而有些孩子"万事开头难"，好不容易鼓起勇气，却被拒绝了，这会让他们很挫败。

我们可以引导孩子，给予孩子一些简单的策略，帮助孩子更好更快速地融入伙伴中。

先观察、等待、聆听。看看别人是怎么玩的，听听别人在说什么、做什么，了解游戏的规则。

从一个孩子开始。鼓励孩子寻找一个看起来"好说话"的小伙伴，而不是全部的小伙伴。可以和那个小朋友说："我能和你一起玩吗？"

用非正式的方式直接加入。比如，别人在玩你追我赶的游戏时，孩子也加入进去在后面跑一跑，很容易就融入了。

在家中通过角色扮演，练习加入伙伴当中。比如，在家

玩过家家、乐高的时候，模拟玩偶之间一起玩滑梯的互动。而这就是父母示范如何用语言表达，自然加入他人活动的好时机。

扫码关注【玫瑶老师】，回复关键词"气质类型"了解更多气质类型在孩子不同年龄段的表现，更好地做到因材施教。

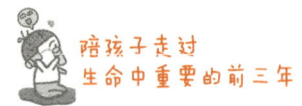

孩子被打了,要教他打回去吗?——三招化解"被打魔咒"

> **小测试**
>
> 孩子在小区里玩耍,碰上一个年长一点的小哥哥,小哥哥会抢孩子的玩具,还打人。你的孩子被打后,什么都不会说,只会哇哇大哭。这让人既心疼,又着急!遇上这种情况,你的做法是:
>
> A. 太气人了,一定要教孩子打回去!
>
> B. 第一时间阻止打人行为,并安抚孩子的情绪。虽然觉得生气,但不会纠缠太多,然后尽快带孩子离开。

每个孩子都是父母的心肝宝贝,孩子被打,经常让我们既生气,又心疼。遇到这种情况,我们应该如何处理才能更好呢?

1. 孩子被打,教他打回去还是快走开?

(1)打回去?

教孩子打回去,"有来有往",这听起来很公平,没毛病,但是如果仔细分析,我们会发现存在两个问题。

"打回去"容易变成煽风点火,把问题扩大化

若家长在旁教孩子"打回去",很容易演变成大人之间的战争。一旦这种战争点燃,就会发生两个大人在孩子面前大打出手的情况,造成的后果会比较严重。因为大人情绪失控,带来的风险是难以预估的,就像一团火,烧起来了就控制不住了。这并不能帮助孩子思考下次如何解决冲突,一些低龄的孩子甚至会产生害怕、恐惧的心理。

"打回去"容易让孩子误认为这是解决冲突的正确方式

如果鼓励孩子被打了之后就打回去,孩子可能会觉得打人是解决冲突的正确方式。而对孩子来说,他很难分辨什么情况下用打回去的方式,什么情况下则不需这么做。要是孩子生活在多子女的家庭中,兄弟姐妹发生冲突时,被教育"打回去"的孩子,也可能会用这样的方式解决兄弟姐妹之间的冲突。

如果孩子未来遇到比自己强大的对手,孩子还是选择"打回去",那么结果可能不会很理想。力量悬殊时,小白兔遇上大老虎,乖乖避开才是聪明的做法。

(2)不还手?

若教孩子不还手,很多父母又会有想法了,如果孩子不懂得反抗,那他是不是会越来越自卑,越来越不知道保护自己呢?

根据我十几年的从业经验,我发现一件有意思的事情。经常是A孩子打了B孩子,但是B孩子并没有觉得委屈、难过和愤怒,还是会主动找A孩子玩。

因此,我认为我们不要轻易地下定义,觉得孩子被欺负

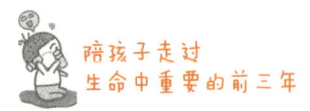

了,必须要还手反击。事实上,如果孩子并没有感觉自己被欺负,也没有任何负面、消极的情绪,那么我们就没有必要去引导孩子"打回去"。

孩子和孩子之间有他们相处的模式,他们友谊的发展是很自然天真的。社交也是在这个过程当中被建立起来的,如果我们过度干涉,就会影响孩子,并成为他们社交的阻碍。

当然,如果孩子真的被欺负了,那就不是一味躲避能解决的问题了。教孩子适当闪躲、自我保护、义正词严地指出对方的错误行为、寻找父母和老师的帮助等,这些都是我们支持孩子的方式,这会成为孩子背后强大的力量和精神堡垒。

那么作为父母,我们应该如何引导孩子,让孩子做到更加勇敢地保护自己呢?

2. 三个方法,轻松教孩子化解"被打魔咒"

(1)"先礼后兵"三步走

孩子在4岁的时候,我曾问她,如果有小朋友打你,或者抢你的东西,你会怎么办呢?以下是她与我的一段对话。

孩子:"他这样做是不对的!不可以。"

我:"可是哥哥就想玩你手上的东西呢?"

孩子:"这个玩具是我的,我有权利选择要不要和别人分享。如果我不同意,那么他也不能抢啊!"

我:"可是哥哥特别想玩,他还打你,怎么办?"

孩子:"那我就打回去!"

我:"然后呢?"

孩子:"然后我就哭啊!"

我忍不住笑了。孩子的话虽然稚嫩,却有一套属于自己的解决方式。我将她如何处理"被打"的过程,拆解为"先礼后兵"的三个步骤。

步骤一,好好和别人讲道理。(基本的礼仪)

步骤二,绝不先动手,但是别人动手了,一定要反抗。(基本的反抗)

步骤三,哭,争取别人最大的同情和帮助。(基本的求助)

这三个步骤很简单,孩子也很容易就学会。当然,我们并不是要教孩子每次都真的"打回去"。

我们可以说:"如果你再打我,我会打回去!""我警告你,你这样做让我很生气!"类似这样的语言,总之就是表达一种反抗和威慑力,阻止对方继续做下去。

平时和孩子在家时,我们可以通过场景演练,教孩子如何大声说"不"。鼓励孩子大声说出自己的想法:不要打我!这样做是不对的!

通过多次演练后,下次孩子遇到被打的情况,就不会不知所措了。

语言是有力量的,一个勇于表达自己的孩子,可以让别

人感受到一种气场和震慑。中国有句老话说"柿子挑软的捏",拥有"不好欺负的气场",一定会成为孩子保护自己的有力武器。

(2)冲突后和孩子复盘总结

在孩子们的冲突结束后,我们可以和孩子回溯冲突的过程,引导孩子下次遇到这样的冲突时应该如何解决。让孩子们去思考,而不是给予孩子一个方案,告诉孩子应该做什么,或者不应该做什么。

我们可以问孩子,引出孩子对这件事情的看法。让孩子思考,是什么导致了冲突的发生?孩子的感觉是什么?其他人对这种情况有什么样的感觉?

若下次遇到这样的问题,他又会怎么想?有什么方法可以让想法更好地落实?

我们用一种开放性的思维去引导孩子,把重点放在过程上,而不是讨论某一个具体的结论。

用这样开放性的思维引导孩子,你会发现:孩子可以想出非常多的解决办法!

如此,我们教给孩子的是一种帮助他们处理人际关系的思考方式。他们也会对自己更有信心,明白自己的决定,清楚自己该做什么,不该做什么。

(3)日常生活中,培养孩子说"不"的能力

懦弱的孩子,更容易被欺负。如果我们想让孩子成为一

第二章
1.5～2岁，培养会思考、会社交的聪慧头脑

个独立、有想法、不容易被欺负的人，那么在和孩子相处的过程中，我们就应当支持孩子做自己，让他们成为一个有意志力的人。

这并不容易，因为在生活中我们经常用我们的"好心"破坏孩子的意志力。

比如，当我们和孩子说："宝宝，你今天想穿裤子还是裙子呢？"孩子说："穿裙子吧！"然后你又说："今天好像起风了，我们还是穿裤子吧！"

孩子吃了几口苹果说："我不吃了，我饱了。"然后你又说："啊，这个苹果看起来很好吃啊！闻起来多香啊！不信你再吃几口看看。"

久而久之，孩子就不会再坚持，慢慢地，他的意志力就被磨灭了。他会觉得：我为什么要有自己的意见呢？说了也没用，你来决定就好了。

一个不懂得说"不"的孩子，在未来成长的道路上，会活得很辛苦。这种社会能力如果在小的时候就被剥夺了，那么未来是需要花很多能量才能重新获取的。

而一个敢于说"不"的孩子，会更坚强、更有力量，他有自己的坚持，并且能诚实、勇敢地表达自己真正的想法。这样的孩子，更容易接纳他人，同时还能更好地和自己相处。

孩子动不动就抓人、咬人、打人？——你的"容器"设置错误了

小观察

快两岁的小宝，最近一段时间开始经常性地打人、抓人，而且动手时没有一点征兆。比如，孩子有件事情没有做好，有点着急，爸爸到他旁边询问，他毫无预兆地就打了爸爸一下。上早教班，小朋友们本来各玩各的，一切安然无恙，可他经常突然地去抓小朋友的脸。

为了解决孩子这个问题，爸爸妈妈试过打他的手、罚站、严厉批评，也试过不理睬、侧面鼓励引导，但是作用并不大。孩子1岁多的时候并没出现过这样的情况，孩子到底是怎么回事，父母又该如何引导呢？

1. 孩子打人、咬人，背后有两大原因

（1）"问题行为"是大脑信息处理的本能反应

孩子的情绪说来就来，这与大脑杏仁核发育有关。"杏仁核"支配着孩子对外界情绪的本能反应。比如，孩子有什么事不顺意，就会本能地做出情绪反应。孩子甚至还没有经过思考，就动手了。

而孩子控制思考、计划、思维、执行力、自我控制的大脑"前额叶"区域，发育相当晚。差不多在孩子两三岁的时

第二章
1.5～2岁，培养会思考、会社交的聪慧头脑

候开始发育，6岁达到顶峰，直到25岁才全部发育完成。所以我们会看到一个两岁的孩子经常动手打人，而事实上很多时候他都不知道自己已经动手打人了。

（2）成人不正确的示范，会加重孩子的行为问题

我们还要思考是不是在孩子成长过程中，我们在不经意间做了一些不好的示范。比如，打手心和罚站。当我们用这样的方式教育孩子，其实并不会有好的效果，因为孩子吸收到了错误的方式。他或许会认为这是人与人之间正确的互动方式。

如果我们在孩子很小的时候，就用尊重孩子的方式和他相处，孩子耳濡目染就会学习用更温柔的方式与世界互动。

2. "容器"——为孩子设置持续性、一致性的规则和底线

面对孩子具有攻击性的行为，设置底线是很重要的，这可以帮助孩子更有安全感。如果没有底线的话，孩子并不知道什么可以做，什么不能做。他会反复做出冲突的行为，因为他们要不断地去试探攻击性行为的底线。而我们给孩子设立规则，其实就是给孩子一个"容器"。

孩子并不能做什么事都随心所欲，而是在一定的范围内享有自由。在这个"容器"里，孩子能感觉到妈妈是在保护自己。

比如，孩子想要的东西没有拿到，可以用嘴巴说，但是

不能咬人、打人。明确告诉孩子限制的事情，会帮助他们规范自己的行为。

根据孩子行为的不同，"容器"的设置有强也有弱。比如孩子吃饭的时候总是要玩玩具，不好好吃。那么在孩子吃饭之前就需要做好规则，并且在平时也需要多次强调。那么这个"容器"就会比较牢固。

很多孩子会做出咬人、推人、抓人等行为，但是其实这些孩子胆子很小，他们需要成人更多的关注和温柔。他们需要被设立底线，这样他们才能感觉到安全，感觉到基本的信任。

3. "预判、阻隔、行动"，破解孩子的攻击行为

（1）提前预判

如果孩子已经出现了一些攻击性的行为，或者父母观察到孩子在一些特定的场景，容易出现攻击性的行为。那么我们首先应该保持一颗敏感的心，对孩子有可能发生的攻击行为提前做出预判。

比较理想的做法是能够在冲突之前，制止攻击行为。比如，孩子抓人、打人之前我们就制止他做打人的动作。2～5岁的孩子，可能会因为冲突产生愤怒情绪，但是我们要教导孩子不能打人，可以用嘴巴来表达愤怒的情绪。

（2）用手阻隔

当孩子举手要打人、抓人时，我们要用手阻隔，而不是

抓住孩子。

比如,孩子伸手要抓我们的脸,我们的身体就往后躲,同时以最快的速度伸出一只手挡住脸,不让孩子抓到。然后看着孩子的眼睛告诉他:"脸不能抓!"(语气严肃、话语简洁)

如果孩子是抓其他人,我们可以把手掌张开,挡住孩子,阻止孩子的攻击行为。接着我们用眼睛看着孩子,坚定地说"要轻轻地"。(话语简短、正面)

我发现当孩子做出攻击行为,或者我们想要制止孩子做不允许的事情时,用手阻隔的方式比直接用手抓住孩子、抱起孩子要有效得多。

因为当我们直接和孩子的身体接触,如抓住孩子的手、直接抱走等,通常速度都很快。"快"意味着向前冲,力度容易控制不好,这种力度容易传递愤怒的力量。许多孩子在这个时候就会马上哭了。孩子哭的时候会挣扎,我们不知不觉就会更用力抓住孩子。而你越用力,孩子就越撒泼打滚。大家的情绪都被引爆,冲突加剧。

然而我们并不是要和孩子对抗的,我们只是想告诉孩子我们的期望,而用手阻隔就可以做到这点,再加上我们一致、坚定的语言和眼神,是非常有力量的。

(3)采取行动

在阻止孩子的过程中,我们要不断地向孩子释放关于限

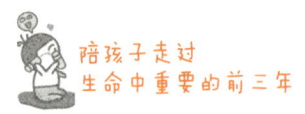

制和规则的信息,孩子会明白我们的底线在哪里。重复几次之后,孩子就知道抓人是不好的行为。

接着我们给孩子提供选择,给予他等待接收信息的时间,让孩子去承担相对应的后果。

如果可以的话,尽量少用"不可以""不行"之类的话语,除非孩子遇到一些危险的紧急情况。因为这种话语如果说多了,那么在孩子真正发生危险的时候,就会失去一定的效力和威严度。

4. 在孩子最难的时候,和他在一起

孩子可能会挑战我们设置的"容器",他们或许会哭闹、发脾气。我们可以让自己慢下来,把孩子带到安全区域,但这并不是惩罚,我们要尊重孩子,并和孩子进行交流,责怪并不能让孩子学习如何解决问题。

很多人在孩子不遵守规则时,使用让孩子面壁思过的方法,这点我个人并不认同。一个低龄的孩子,面壁思过时,他能够真正意识到自己犯了什么错误吗?我想答案是否定的。

在这个时候,其实孩子最需要的是我们和他待在一起。

我们只需要静静地和孩子待在一起,如果孩子愿意的话,我们可以安静地抱抱他。这种安静的拥抱是非常有力量的,孩子会感受到我们缓慢的呼吸,并逐渐让自己的情绪平复下来。

在这个过程中,成人同时也在给孩子做示范,我们如何让自己慢慢冷静下来,并且积极地去解决问题。

5. 养娃没有固定模式,理解和爱是解决问题的钥匙

心理学里有个词叫"情绪躯体化"。意思就是说当人的情绪积累到一定程度又无法发泄时,常会借由异常的身体行为来表达。咬人就是其中一种。

中国有句老话,叫"咬牙切齿",委屈、不甘,才会咬牙切齿。只不过成人的情绪控制力比较强,不会见人就咬而已。

而孩子的情绪反应总是很直接,他们只能通过肢体动作来表达。

解决冲突的技巧有很多种,但是最重要的、首当其冲的是要试着去理解孩子、接纳孩子。我们与孩子在情感上不是对立的状态,我们要和孩子一起面对问题,用正确的方式解决问题。

该训练孩子如厕吗？——这样如厕，大人孩子都轻松

孩子即将两岁时，有一部分父母会开始考虑让孩子学习如厕，但身边更多的父母是在孩子两岁半至三岁的时候，才开始帮助孩子做如厕训练的。

那么如厕训练什么时候开始比较好？我们又应该准备什么？如何做才可以更好地帮助孩子独立如厕呢？

美国儿科协会认为：想要成功地完成上厕所训练，孩子需要能够分辨出上厕所的感觉，并理解这种感觉所表达的含义，然后用语言向家长表达上厕所的意愿，直到最终完成上厕所的过程。

也就是说，如厕包含四点，分别是分辨感觉、理解含义、表达意愿，以及最重要的一点——如厕是一个过程。因此如厕不是一个突然的时间节点，不是孩子到了某个年龄段，我们才开始去训练的事情。

如果我们了解孩子如厕要经历的四个阶段，我们就会明白：孩子从出生开始，就已经在经历、体验大便和小便的感觉，而这其实也是孩子如厕的过程。

1. 孩子如厕的四个阶段

①孩子首先能控制夜间不大便。
②孩子能逐渐控制白天的大便。

③孩子能逐渐控制白天的小便。

④孩子最后能控制夜间不小便。

总体来说，孩子们会先学会控制大便，然后慢慢才学会控制小便。这和我们的生理机制是息息相关的。因为小便是由膀胱控制的，大便则是由大肠控制的，而大肠的生理发育和髓鞘化程度要远早于膀胱。

这就不难理解我们看到很多"爱干净"的小宝宝，在很小的时候就不会在夜间把大便拉在身上了。如果他们把大便拉在身上，会感觉不舒服，并通过哭闹来表达。而当父母帮助宝宝把屁股清洗干净后，他就会停止哭闹。

可见，几个月的孩子就已经在学习分辨大便和小便的感觉了，只不过那时他们还不能理解大小便的含义，也并不会用语言表达出来。

2. 三个方法，循序渐进让孩子轻松完成如厕训练

（1）使用棉布训练裤，让孩子真正感受如厕过程中的生理变化

一般而言，1岁半左右的宝宝，已经可以自主站立行走，也能听懂蹲下、坐下、起立这些简单的指令了。这时给孩子使用棉布的训练裤，会比单纯用尿不湿好很多。所谓的棉布训练裤，就是裆部有比较厚的、纯棉布的小内裤。穿上训练裤的孩子，如果尿了，是能够感受到湿湿的、热热的感觉的。训练裤

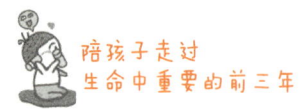

裆部的棉布较厚，可以兜住一部分尿液，方便父母清理。

在孩子排泄完之后，我们要第一时间帮助孩子将排泄物清理好并把孩子的屁股擦洗干净。此时棉布训练裤的优势就体现出来了，因为孩子能够第一时间将"尿了"与随后"湿湿的"的感觉结合起来。这种因果关系的体验会自然增长孩子如厕的经验，不需要父母频繁地提醒，孩子本身不舒服的感觉，就会很自然地提示他：去小马桶上大小便会更舒服。

（2）记录上厕所的时间，推算孩子的"如厕生理钟"

孩子穿上棉布训练裤，我们可以更直观地观察到孩子大小便的情况。如果我们可以将孩子大小便的时间进行简单记录，就能很容易推算出孩子大小便的间隔，从而更好地帮助孩子去小马桶上大小便。

以下是一个简单的如厕生理钟记录表。

日期	8:00	9:00	10:00	11:00	12:00	13:00	14:00	15:00	16:00
1.1	○		●○			○		○	
1.2	○			○●			○●		○
1.3	○		○●						○
……									

为了记录更方便，我们可以用符号"○"代表小便，

"●"代表大便;大约以 1 个小时为一个记录节点进行记录。

如果孩子大小便发生在前面半个小时,那么可以将相对应的符号画在前半截;如果孩子大小便发生在后半个小时,那么就画在后半截。

这个表格可以记录孩子白天上厕所的情况,其完整的记录时间应该在孩子起床后到晚上睡觉前。

通过记录,我们可以大概推算出白天孩子上厕所的时间间隔。一般来说,孩子的小便更容易被观察出规律。

有一些孩子在尿尿前,会有一些特殊的动作,比如夹腿、扭屁股、抓屁股等,我们根据孩子的如厕生物钟,可以试着带孩子去小马桶上坐一坐,如果没有小便,起来即可。

如果孩子已经尿在裤子上了,这也是很正常的。我们也不要呵斥孩子,只需要带孩子换上干净的裤子就好。

如果我们能越早帮助孩子意识到排泄物应该去到哪里,意识到自己的身体在发生什么,孩子在括约肌和生理能力成熟时,心理就能越快做出调整。那么他以后在如厕练习的过程中,就会越顺利、越轻松。

(3)打造帮助孩子自主如厕的环境

想要孩子如厕的过程更顺利,我们需要考虑孩子如厕时是否感觉舒适,是否可以自己做力所能及的事情。

提供给孩子一个合适的小马桶是必要的,马桶两边最好有把手,孩子可以扶着蹲下去或站起来。如果家里有干湿分离的洗手间，可以将孩子的小马桶放在干燥的洗手间区域。

如果没有，我们可以将马桶放在家里一个固定的、方便使用的地方。我们还可以在孩子小马桶的区域，铺上一块小的地垫，一来可以防滑，二来可以打造孩子自主如厕的小空间，让孩子如厕时更有仪式感，明白这是自己专属上厕所的地方。

小马桶旁边还可摆放几个常用的物品：小篮子（里面装孩子使用的训练裤、纸巾等物品）；小凳子（可以帮助孩子坐在上面穿脱裤子）；垃圾桶或脏衣篮（根据情况使用）。

孩子上完厕所后，别忘记让他参与全部的如厕过程。比如，让他观看你是如何将排泄物倒进马桶里，并按冲水按钮

冲掉的，也可给孩子在洗手台旁准备一个踩脚凳，这样他就可以站在上面用流动的水洗手。

在这样一个完整的如厕的过程里，耳濡目染中，孩子很自然地就会逐渐学习如何照顾自己。

3. 如厕过程，父母的心态很重要

当然，在帮助孩子学习上厕所的过程中，父母的心态是非常重要的。因为我们的心态会影响孩子对如厕的态度甚至练习的效果。时刻对自我保持觉察是很重要的，想一想，我们在帮助孩子如厕的过程中，自己是否会有压力以及产生焦虑？

如果有，我们需要相对应地做适当调整。如果父母感觉很累、很糟糕，那么孩子也会感觉得到。

比如，有部分家长，如果晚上休息不好，白天的情绪就会很糟糕。那么可以选择晚上给孩子穿尿不湿，让自己睡得更安稳，这样第二天自己就会有更好的状态陪伴孩子。

保持相对轻松的心态，加上白天循序渐进的如厕学习，随着孩子括约肌的发展，孩子会更容易从白天的自主如厕逐渐过渡到晚上也不尿床。

总的来说，孩子的生理发育具有一定的规律性和个体差异性，而这些不是我们大人能控制的。孩子有自己生理发展的生物钟。

我们没有办法干扰孩子的生理节奏，但我们可以通过环

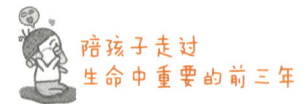

境预备和养育方式让孩子更好地参与到如厕的过程，辅助他以后可以独立去做。

如果孩子在生命中的前 1~2 年，没有参与任何如厕的过程，也并不知道真正上厕所的地方在哪里。那么等到孩子 3 岁的时候，我们突然和孩子说："现在你长大了，该脱下尿不湿，自己去马桶上厕所了。"因为中间环节的缺失，突如其来的要求经常让孩子无所适从，这其实对孩子很不公平。

如厕是一个循序渐进的独立过程。我们反对过于超前的如厕训练，如过早进行把尿、训斥孩子等。

如果在生命最开始的时候，我们能循序渐进地进行铺垫，孩子能更容易掌握自主如厕的技巧。

丢不掉的毯子和安抚物，孩子是有"恋物癖"吗？

> **小观察**
> 昊昊两岁了，他有一条毯子，从小用到现在，已经又旧又破，但是孩子一定要抱着、闻着毯子才肯睡觉。有一次，奶奶把孩子的毯子扔了，买了条新毯子。孩子哭得很伤心，说什么也要从垃圾桶里捡回毯子。
> 妈妈觉得很困惑，孩子是有"恋物癖"吗？一直抱着同一条毯子，会不会影响孩子的人格发展呢？

在孩子成长过程中，或多或少都有自己特别中意的玩具或物品。动画片《小猪佩奇》里，佩奇最喜欢的玩具是一只泰迪熊，而她的弟弟乔治，手里经常拿着一个恐龙玩具。无论是外出活动还是睡觉，乔治都要把恐龙玩具带在身边。

孩子不会是有"恋物癖"吧？如果不纠正孩子，会不会对孩子的成长有不好的影响？

1. 孩子"恋物"背后有两个心理学原理

（1）孩子喜欢的安抚物只是他的"过渡性客体"

其实，孩子恋物，本质上是一种依恋行为。孩子喜欢的毯子和毛绒娃娃，和成人的"恋物癖"还是有一定区别的，这种恋物行为并不是必须纠正的病态行为。随着年龄和社会经验的增长，只要不被过多干扰，儿童的恋物行为会逐渐消

失。心理学上把孩子依恋的物品称为"过渡性客体",比较通俗的说法就是安抚物。

最早提出"过渡性客体"这个概念的人是儿童精神分析家温尼科特,他认为:过渡性客体是第一个"非我"所有物,过渡性客体是儿童自己发现或创造的。它甚至比母亲重要,是儿童几乎无法切割的一部分。

宝宝出生后,觅乳反射动作会促使他寻找妈妈的乳头进行含乳吮吸,这会让宝宝感觉平静、舒适。但是孩子很快就会发现:妈妈的乳头不是一直都在的。

差不多在孩子两个月的时候,他会发现将手指放入嘴里吸吮能让自己感觉良好。而这个时候,孩子的大拇指就像母亲象征性的乳房,给孩子带来安慰。这便是孩子创造的第一个"过渡性客体",也是孩子认知发展的里程碑。

孩子已经明白,妈妈不是他的私有物,自己控制不了妈妈。但是自己的大拇指就不一样了,大拇指会一直和自己在一起,能实现他在妈妈身上实现不了的愿望。于是他会把对妈妈的爱,一部分转移到这个自己创造的过渡性客体上,达到自我安抚的需求。

随着孩子的成长,这个过渡性客体还可以是一个柔软的毛绒玩具、一条有着熟悉味道的毛毯等。

(2)恋物不是坏事,孩子是在学习面对分离

孩子有一两件安抚物并非坏事,相反,在孩子面对各种分离的场景时，安抚物还能给孩子带来安全感，让他顺利过渡。

对于孩子来说，安抚物代表着安全和依恋，是特别的存在。如果把孩子的安抚物扔掉，或者"一刀切"强行戒除，不仅会让孩子感到不安、焦虑和恐惧，甚至会造成人格上的创伤，不利于孩子身心健康的发展。

6个月~2岁的孩子，处于依恋对象单一化的阶段，孩子依恋的对象就是平时照顾他的亲人。谁和宝宝相处的时间长，他就依恋谁。也就是这个阶段，孩子会对父母产生强烈的依恋感，如果父母离开，孩子就会大哭大闹，他需要反复确认：你还会回来吗？

而安抚物能给孩子一种父母还在身边的感觉，帮助孩子建立"心理连续性"，让他可以更容易渡过父母离开的这段时间。

安抚物还可以帮助孩子渡过断奶、入园、分床、亲人离开等分离危机。每一次分离对孩子来说都是一次独立的挑战，分离也意味着新的机会，新的生活。

一边分离，一边成长。孩子正是在一次又一次的分离中逐渐成长起来的。有些宝宝在入园阶段，或暂时离开亲密养育者时，会突然特别依赖安抚物，这个时候安抚物能给孩子一种熟悉的依恋感，帮助他更好地渡过各种分离的时刻。

2. 从尊重、理解到爱护，四个方法帮助孩子更有效地与世界连接

面对孩子对安抚物的依恋，我们需要了解这并不是洪水猛兽，而是一件自然而然的事情。家长焦虑的想法、强硬戒除的方式反而会给孩子带来伤害。我们可以从以下四点入手，帮助孩子更好地过渡，并和丰富多彩的世界相连。

（1）尊重孩子的过渡性行为，注意做好安抚物的卫生工作

我们要理解孩子对安抚物的依恋需求，知道这只是一种过渡性的行为。两岁后，孩子的依恋就会从之前的"单一化阶段"向"对象伙伴化阶段"过渡，孩子最终会放下他手中爱不释手的安抚物。在那之前，我们能做的就是注意做好安抚物的卫生工作。

比如，孩子使用的口水巾、小毯子、毛绒玩具容易滋生细菌，但孩子又喜欢放在口鼻的地方，因此我们需要定时做好清洗消毒的工作。在天气好的时候放在阳台上晒晒，保持安抚物清洁。

（2）理解"过渡性客体"背后的潜台词：多多陪伴孩子

我们还需要反思：自己陪伴孩子的时间足够吗？是否每次都用给孩子买玩具来弥补陪伴孩子的缺失？虽然孩子每次收到玩具时都很高兴，但是他们的新鲜劲很快就过了，玩具始终无法填补父母陪伴缺失带来的空洞。

（3）帮助孩子从依恋转变为照顾

在孩子3岁之后，如果孩子仍然非常依恋他的安抚物，甚至已经影响到正常的社交生活时，我们可以给予孩子适当的引导。

比如，以正向积极的方式邀请孩子给他的安抚物找一个"家"，帮助孩子从对安抚物的"依恋"转换为"照顾"。

（4）提供给孩子丰富的感官环境

我们还要尽量给孩子提供丰富的感官经验，多带孩子体验大自然的美好。多创造让孩子自己动手做事情的经验，让他知道双手可以做许多有趣的事情，这样也可以帮助孩子转移对安抚物的依恋。尤其是在日常家庭生活中，我们要做到不包办代替，让孩子做力所能及的事情。

第二节
6个贴士，保护想象力和创造力，开发孩子智力的源泉

小黑板和涂鸦墙——TDE原则启蒙孩子的艺术发展

儿童并不是成人的缩小版，而是不同于成人的生命存在形式。

——玛利亚·蒙台梭利

当孩子学会更多地使用双手时，你会发现他们特别爱涂鸦。孩子会天马行空地画出各种各样的线条。

涂鸦的动作看似随意，但其实孩子的大脑已经做了缜密的思考。允许孩子多动手涂鸦，就等于我们再一次肯定孩子独立思考的过程。

如果我们可以给孩子提供一个专属的涂鸦环境，那么不仅能让孩子有的放矢、自由发挥自己的创意，还能有效避免孩子在白墙、沙发，或者桌面等地方留下他们创作的痕迹。

如果家庭里有足够的空间，可以在一面空白的墙上固定好一块黑板，父母和孩子可以一起涂鸦，也可以将白纸通过磁铁固定在黑板上,使用颜料、蜡笔进行创作。

如果家里空间不大,可以选择一个立在地板上的儿童画架,或者小巧的桌面黑板,尺寸大约手提电脑屏幕大小。给孩子配上一个他能刚好抓握的小板擦,帮助他更好地创作。

其中,使用TDE原则可以让孩子天马行空的涂鸦更顺畅。

1.TDE原则,让孩子涂鸦更轻松

TDE原则指的是优先选择粗的、大块的涂鸦材料(如粗粉笔、蜡块);使用涂鸦材料不同的面进行创作;基于客观事实的观察评估。

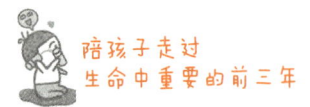

（1）优先选择粗的、大块的材料

当孩子手握尺寸粗大的材料时，会更容易使用到大拇指、食指和中指的力量。有些孩子甚至会用更多手指稳稳抓握住材料，在黑板上、画面上涂出痕迹。

如果使用小黑板，我们还可以给孩子提供一块小尺寸的板擦，方便孩子的小手抓握以及擦拭。在使用的过程中，孩子会协调手指之间的灵活度和力量性，让手指变得更为精巧。

（2）使用涂鸦材料不同的面进行创作

我们可以为孩子示范如何使用材料不同的横截面，画出粗细不同的线条。比如，使用粉笔头，画出的线条是细细长长的；而用粉笔的笔身贴着黑板，向右平移，画出来的线条则会很粗。孩子会了解粗、细、长、短的概念。

在创作的过程中，孩子会学习如何调整自己的手部精细肌肉，画出不同的线条和图案。各种各样基础的线条与书写里的横撇捺竖钩，是非常像的。孩子有了协调运用手指力量的经验，会为未来握笔和书写奠定基础。

（3）基于客观事实的观察评估

我们对于孩子的画的评价需要很谨慎。儿童并不是成人的缩小版，而是不同于成人的生命存在形式。就像毕加索说的"尽管我14岁时就能画得像拉斐尔一样好，但却需要用一生去学习像小孩子那样画画"。

第二章
1.5～2岁，培养会思考、会社交的聪慧头脑

> **小观察**
> 1岁半的小美，拿笔画东西时奶奶总问她画的是什么。有时奶奶会说，我们画个香蕉、星星、月亮吧！时间久了，孩子就不怎么画了。

对于孩子来说，他们的涂鸦是对线条、颜色、空间、材料等天马行空的探索，并没有具体在画什么。在孩子三四岁的时候，他们才会进入"命名涂鸦期"，如果他们说"我画了一辆车"，那么这是孩子一种自发的活动，但若父母强制询问孩子究竟画的是什么，或者直接定义孩子的画，那就属于一种外在干扰了。

那么父母具体应该怎么引导孩子比较好？我认为我们应该基于孩子的客观事实来进行观察评估。

我们可以使用客观性的话语描述孩子画的线条、颜色、空间或者材料。

比如，我看到你的画用了很多的蓝色；你画了一条长长的直线和很多圆圈；你主要画在了纸的上方，下面是留白。同时认真听孩子讲用很多圆圈和线条画出来的内容。

孩子的艺术涂鸦的基础线条发展，遵从了"点—线（很乱的线）—闭合"的形状（一开始是不完美的圆形）的普遍规律。

1岁半以前的孩子，他们的涂鸦看上去像一团乱麻，但其实正表达了他们婴儿时期的身体感应——没有方向感，没有

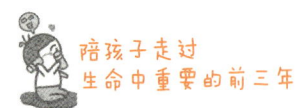

界限，分不清楚自己与外在的区别。

而孩子进入2～3岁之后，随着能越来越灵活地使用双手，孩子画线条的经验越来越丰富，我们会看到各种纵横交错的线条。他们的画开始出现半闭合、完全闭合的圆形。

一旦孩子画出了闭合的圆形，他们就有了比较好的里面和外面的概念，我认为这和孩子区分自己与他人的物权意识有着很相似的地方。涂鸦，可以说是孩子自由表达的一种探索。

我们还可以基于客观事实的观察，帮助孩子寻找生活中的感官信息点来创作。

比如，我们带孩子去海边，感受把手张开，风从袖口钻进衣服里的感觉。我们回家后给孩子羽毛，吹一吹，让羽毛在空中飘起来。在孩子感受了"风把羽毛吹起来"这个感官信息点后，我们再给孩子颜料用羽毛来进行创作。

此时的羽毛已经不是一片普通的"羽毛"，而是孩子基于现实生活的观察、强烈感官探索后用于表达的涂鸦工具。在鲜活的体验中，孩子一定可以涂鸦出自己对艺术深刻的感受。

各种各样的"洞洞"——锻炼孩子动手匹配的敏捷思维

0~6岁的孩子正处于动作敏感期,动手探索,对于他们来说是一种本能驱使的行为。你可能会发现孩子对各种各样的"洞洞"非常感兴趣。在这个阶段,孩子不断发展他们的感官,让自己的判断越来越精准。

我们使用一个小纸箱,准备3~5个不同形状和大小的生活用品(如不同直径大小的圆形小罐子),将物品放在纸箱上,用笔沿着物品画出轮廓,接着将轮廓剪去,形成镂空图案。

鼓励孩子探索这些物品的大小和形状,将物品投入纸箱,顺利掉进洞里。

孩子可能需要尝试几次,才可以找到正确的物品与之匹配。这可以很好地锻炼孩子解决问题的能力,与此同时,还可以让孩子了解里面和外面、颜色、形状、空间、大小的概念,发展良好的运动能力和手眼协调能力。

当孩子把物品放进去时,我们可以和孩子说"里面",最后鼓励孩子将箱子打开,取出物品再次游戏。

我们也可以选择市售积木配对的成品玩具。不过这个年龄段的孩子,当他可以完成配对之后,他对这个游戏的兴趣度会降低。

自制游戏的好处在于我们可以定时更换不同尺寸、重量、材质的物品,以此保持孩子对游戏的探索和兴趣度,并且自制游戏工具更加经济和环保。

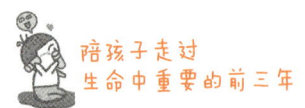

从大到小、从简单到困难的串珠和拼图——打通专注力、判断力和逻辑性

双手越来越灵巧的过程，就是孩子心智逐渐发展的过程。让孩子的小手有事可做，专心致志地做事情，会启迪孩子智慧的发展。而串珠和拼图，非常适合这个年龄段孩子的"工作"。

给孩子选择串珠和拼图的时候，要遵循从大到小、从简到难的原则，这样孩子能更容易享受其中的乐趣。

1. "对准—穿过—移动"，三步玩转木质串珠

准备几个几何图形的木珠，珠子可以有不同的形状，如长方形、正方形、菱形。相对应配套的绳子要粗一些。待孩子能熟悉练串珠之后，可以换小一号的珠子和绳子。

使用有一定硬度的绳子，可以帮助孩子更好地对准洞口**将珠子串过**。在绳子的一头打上一个结，避免孩子串珠的过程中珠子掉落。一般来说，要将有绳结的一头放在桌面的左侧，给孩子做示范，用右手拿一颗珠子，左手拿绳子对准珠子的洞口，将绳子穿过，接着换右手固定绳子，左手抓着珠子从右至左送到靠近绳结的地方。

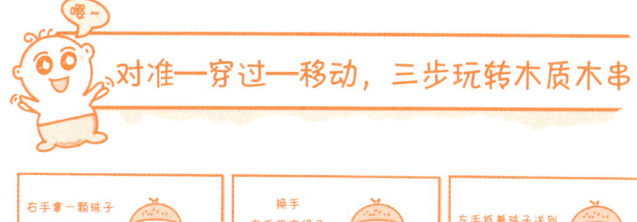

孩子玩串珠游戏时,用5~8颗珠子是比较合适的,珠子太多会让孩子困惑,并且增加了收拾和归纳的难度。当孩子将珠子全部串入绳子后,可用同样的方式将串珠取出来。

串珠的绳子一般有孩子半个手臂的长度,在孩子将珠子取出或串入的过程中,手、肘及肩会跨越身体中轴线,帮助孩子的左右脑一起工作,不仅能增强孩子手眼协调的能力,还能促进孩子思维发展。

研究表明

当手部的动作跨过身体中轴线的时候,发展的也是大脑两个半球之间的联系。在我们的大脑里,联络左右大脑两个半球的纤维,叫作胼胝体。当孩子串珠子时,跨越身体中轴

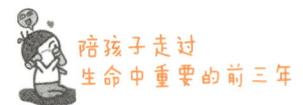

> 线的动作会刺激胼胝体,使左脑及右脑进行积极连接,让孩子变得更专注。

我们可以用一个小的容器,如篮子、托盘,来放珠子和绳子,并将其放在孩子的玩具柜上,方便孩子取用。如果珠子比较小,可以用带盖子的小盒子存放,避免珠子掉出。

2. 自制拼图,玩耍中锻炼孩子的视觉逻辑

拼图是很好的益智玩具,不仅可以锻炼孩子的视觉记忆,还能锻炼孩子的逻辑思维和判断能力。对于低龄的孩子来说,使用带有小把手的木质拼图,比传统的拼图效果更佳。孩子可以用2~3根小手指精准地抓握起拼图,进行视觉匹配。

由于低龄的孩子是感官学习者,因此给他们提供的拼图图案,要真实、背景简约、容易凸显拼图主题。

根据孩子的能力,我推荐循序渐进使用三种拼图。

(1)几何图形拼图

我们可以先给孩子1片拼图。比如,一个三角形或者正方形的拼图。

慢慢地,我们给孩子2~3片拼图,上面可以有若干个几何图形,如三角形、圆形和正方形,或者是一个系列但大小不同的拼图,如2~3个大小不同的圆。

我们为孩子示范用手指捏着拼图把手,将拼图缓缓抬起,

离开拼图框,将拼图放在一侧。用同样的方式拿起拼图把手,将靠近我们一侧的拼图,先对准拼图框的底部,再逐渐全部对准放入。运用这样的方法,可以让孩子更容易对准拼图并放好。

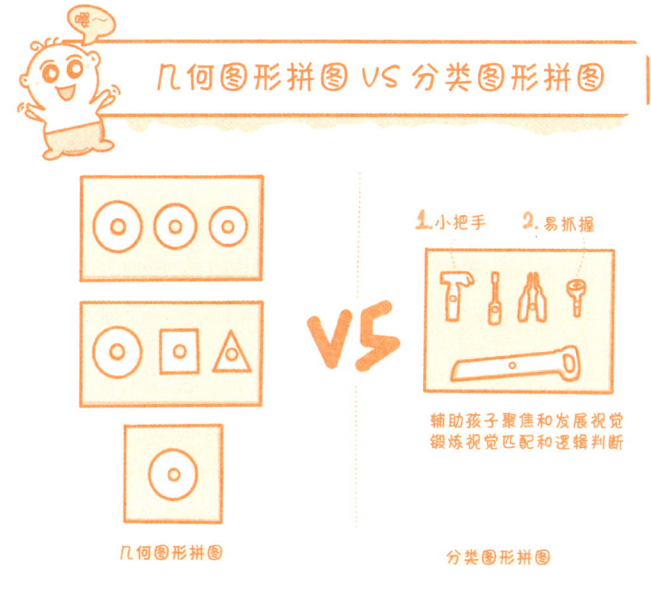

(2)分类图形拼图

除了给孩子提供几何图形的拼图,我们还可以给孩子提供现实生活中图形的拼图。比如,一张木质的拼图嵌板上,有动物、水果或日常生活用品的图案。一个拼图嵌板上一般放 5 ~ 8

个同一系列的图案为佳。

将拼图放进拼图框的过程,可以辅助孩子聚焦和发展视觉。扩大自己的视觉范围,集中注意力判读哪个拼图应该放在哪个拼图框里,会对孩子运用视觉判断,有逻辑地解决问题奠定良好的基础。

(3)自制拼图

打印一些实物图片,如水果、汽车、动物等,将图片粘贴在卡纸上。用铅笔将图片分出4~5等份,最后用剪刀将卡片剪裁下来。这样,一个简单的纸片拼图就完成了。

一个整体的图片被切分后,会留下局部的图片信息。孩子在拼的过程中需要运用观察力和逻辑思维能力,这对培养孩子的专注力和判断力也有很大的帮助。孩子还需要调节视觉的景深和聚焦,比如,将视线放远,大概判断哪一纸片可以正确匹配在一起。将视觉聚焦,帮助纸片之间互相完美地拼在一起。

最开始的时候,我们可以将给孩子的纸片分成4~5份,并慢慢制作6~10份的纸片拼图。我们也可以收集杂志上一些色彩艳丽、符合孩子认知的图片,将它们剪下来制作成纸片拼图。将图片过塑后再剪开,可以让拼图使用的时间更久。

我们可以在每一个分割好的纸片拼图下面注明数字编号。比如等分为5份的纸片拼图,下方从左至右编上1、2、3、

4、5。这样一来,孩子可以在拼完拼图之后,通过数数来确认拼图拼得是否准确。

孩子在拼图的过程中,数字同时也可以成为一个线索,帮助孩子完成这个有趣的游戏。

让孩子学习自我纠错、自我调整是一件很棒的事情。孩子会在过程中养成检查的习惯,并且从中收获自信和智慧。

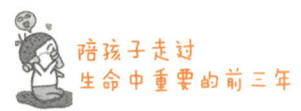

自制蒙氏"神秘袋"——让学习更有趣

> 对所有的人来说,思想和行为都源于一个出处,这个出处就是感觉。
>
> ——爱比克泰德

孩子是用感官探索这个世界的,孩子的感官越精确,对事物的感受能力就会越强。感官包括视觉、听觉、嗅觉、味觉、触觉,而神秘袋的小游戏,可以发展孩子触觉感官的探索和判断力。

不需要太复杂的操作,使用一个不透明的束口小布袋,配上一张同色系的纯色小垫子,一个简单的神秘袋就制作完成了。我们在袋子里面放入4~6个不同材质、不同大小的物品,让孩子把手放入袋中摸一摸,猜一猜里面放的是什么。

先别急着把袋子里的东西取出来,试试让孩子说出物品的名称,待孩子说出名称后,再将物品取出放在垫子上,看看孩子猜得对不对。

通常来说,神秘袋中放的物品都是孩子认识的、能说出名称的物品。我们仅使用手去触摸物品,猜出物品的样子和名称。这会更容易启动孩子的立体感官触觉,让他们变得更加敏锐和聪明。

1. 三种不同类型的神秘袋，让学习更有趣

我们可以在袋子里放入不同的物品，让孩子来猜。根据物品的不同，可以给孩子以下三种类型的神秘袋。

（1）分类物品神秘袋

分类物品神秘袋中的物品是同类别的物品。

比如一套梳头发的工具：一把小梳子、一面小镜子、一个小发圈、一个小发卡、一个魔术贴等。

同类别的物品，会为孩子提供更多的信息。当孩子猜出前几个物品时，发现是同一类的物品，这会帮助孩子启动逻辑思维，猜出相关联的物品名称。

（2）普通物品神秘袋

普通物品神秘袋中的物品是日常生活中孩子经常会使用到的物品，它们并非同一个类别，其功能性、材质、大小都不同。

比如，一个毛茸茸的圆形小球、一副宝宝的太阳眼镜、一把宝宝的不锈钢勺子、一支细长的蜡笔、一块柔软的宝宝的口水方巾等。

不一样的物品，增加了孩子的立体感官体验，还促进了孩子的语言发展。

（3）配对物品神秘袋

配对物品神秘袋中装的都是成对匹配的分类小物品。

比如一套迷你的鞋子模型：一对小草鞋模型、一对运动

鞋模型、一对人字拖模型、一对雪地靴模型等。

孩子在触摸的时候猜出物品的名称，从上至下有序放置在垫子上，逐一摸出所有的物品。如果垫子上有可以配对的物品，可以将它们放置在一起进行配对。

神秘袋给我们和孩子提供了一个有趣的互动游戏，并且充分调动了孩子的感官经验和逻辑推理能力。因为小袋子轻便易收纳，我们在较长的旅途中，也可以随机放入各种小物品，和孩子轮流玩"我放你猜"的游戏。

需要注意的是，不能把易碎和尖锐的物品放入袋中，袋子里的小物品一定要是安全的，避免孩子触摸时受伤。

家里的阅读区——有吸引力的环境，召唤孩子自主学习

> 读书是在别人思想的帮助下，建立起自己的思想。
> ——鲁巴金

对于低年龄的孩子来说，看书就是在玩，玩就是在看书。如果我们能让孩子在生命中的前三年，把看书这件事，当成像吃饭、睡觉、穿衣一样的生活习惯，那么对孩子未来的学习之路会有莫大的好处。

在家里预备一个小小的、温馨的阅读角，环境会召唤孩子来到这个地方阅读。以下是创建家庭阅读角的小贴士。

书籍应摆放在孩子随手可得的高度。我们可以给孩子提供挂在墙上的小书架，或者是放在地板上的小书柜，如此，孩子就可以轻松地拿到书籍。如果家庭空间小，可以使用矮的收纳篮，里面装上3～5本书，放在孩子的小桌或地垫上。

提供一个舒适的、可以坐下阅读的地方，可以是柔软的小毯子，也可以是一把高度适中的小椅子。

将书籍的封面完全展示出来，而不是只展示书籍的书脊。绘本的封面有非常丰富的视觉信息，能够传达给孩子读得懂的语言，帮助召唤孩子拿起书来阅读。

控制书籍的数量，每一周或者两周更换一部分孩子不读的

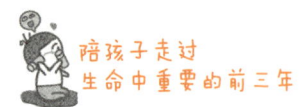

书籍。书并不是越多越好,太多的书籍会让孩子难以选择,同时会给孩子增加收拾归纳的难度。根据孩子的情况,可以一次性呈现8~15本书籍,将多余的书籍先放在储物柜里。观察孩子的兴趣度,一段时间更换一批书籍,如此,孩子的兴趣度和专注力会更高。

注意采光。比较理想的情况是阅读角可以设置在靠窗的地方,优先采用自然光,其次是用温和不伤眼的护眼灯,模拟自然光。

当然,除了环境外,父母的影响是很重要的。如果父母本身不爱阅读,那么很难"教"出爱阅读的孩子。尤其在孩子生下来的前三年,父母的言传身教能对孩子产生积极的影响。父母爱读书,孩子也会受到书香的熏陶,才会从书籍里找到更多的乐趣。

扫码关注【玫瑶老师】,回复关键词"阅读区",查看更多家庭读书角的设置方案。

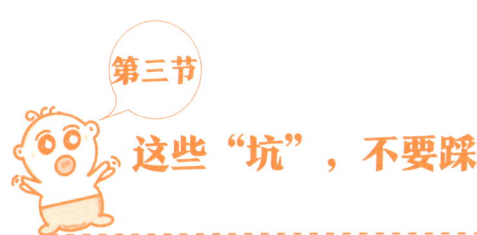

第三节 这些"坑",不要踩

忍不住吼孩子,吼完了又后悔,怎么办?

随着孩子逐渐长大,他们开始有自己的主意了,甚至慢慢变得有些执拗和叛逆。一件小事情,父母好说歹说孩子就是不听,有时候父母实在忍不住了,于是就吼了孩子,可是每次吼完孩子后,都十分后悔,觉得自己应该做个温柔有耐心的父母。

如今不少父母都陷入了这样的困境:明明知道吼孩子不对,会给孩子带来精神伤害,但是实在忍不住!不吼孩子,自己就会憋出内伤!

1. 吼孩子的危害,远比我们想象中要大

父母吼孩子时,常常伴随着强烈的情绪。常见的体罚伤害的是儿童的身体,其痛苦可能是短暂的,但是吼骂带来的精神伤害却是长久的,并且它更具隐蔽性,因为无法量化,所以更容易被人忽视。

哈佛医学院精神病学副教授马丁·泰彻就曾与波士顿儿童医院合作，对父母言语攻击孩子会对孩子产生的影响进行了大量的研究。

2009年，泰彻通过核磁共振和弥散长量成像技术分析了曾经遭受过语言暴力的成年人的大脑，发现这些小时候受过语言暴力的人，韦尼克区（负责理解口语）和前额叶之间的大脑连接减少。他们的言语智商只有112分，比小时候没有遭受过语言暴力的人（124分）要低。

因此泰彻说："这些孩子并没有发挥出他们的语言潜能。"

如果孩子的语言理解、表达、沟通上伴有障碍，会导致孩子无法很好地理解他人和表达自己，这也会对孩子适应社会生活的需求增加难度。

2. 忍不住吼了孩子，事后"情感急救"三步骤

比较理想的情况是，我们可以控制好自己的情绪，在发生冲突矛盾的时候做到不吼孩子。那么如果忍不住还是吼了孩子，我们应该怎么做事后的情感修复呢？

（1）承认错误，主动沟通

向孩子诚恳地表达自己的歉意，这也是我们给孩子树立的榜样和示范。"对不起，宝贝。刚才妈妈那样的沟通方式是不正确的，是不是吓到你了？妈妈心里也很难受，我们抱一抱吧！对不起。"

（2）把自责变成一次与孩子互相了解的机会

有一部分父母在吼完孩子后会深深地自责，但是自责并不能解决问题，把感受憋在自己的心里会让事情变得更糟。与其这样，不如把自责转变成一次与孩子互相了解的好机会。

等孩子的情绪稍微稳定一些，和孩子谈谈你的感受。用温和的态度告诉孩子为什么自己会生气，同时明确地告诉孩子你内心的期待。比如："我看到你在床上蹦，很担心你会磕碰到床头柜或者摔下来。妈妈很爱你，但是这样的行为是不可以的。我们可以去公园和宽广的地方蹦。"

我们可以引导孩子看到对方，而不仅是他自己。同样，我们也应该让孩子有机会说一说他的想法，他为什么想要这样做？如果这个行为不被允许，那么他还有其他的好主意吗？

（3）慢下来，和孩子一起度过情感低谷期

我们吼完孩子后，孩子可能会情绪低落，不说话，或者愤怒。父母慢下来，静静地陪在孩子身边，陪孩子渡过情绪低落期也是很重要的。

深呼吸，让自己放松下来。如果孩子愿意，抱抱孩子，我们温柔的肩膀会给孩子力量。如果孩子还不愿意拥抱，就静静地陪伴他，直到他平复下来。我们要让孩子明白，爸爸妈妈永远爱他，也会在最难的时刻陪伴他一起度过。

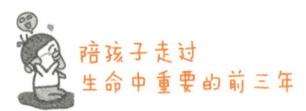

3. 使用"元认知"重建亲子沟通,成为不吼孩子的成长型父母

除了吼骂孩子后要做情感急救,我们还要学习怎样才能更好地与孩子进行亲子沟通,避免再次发生吼孩子的情况。

"元认知"这一词,最早由斯坦福大学教授约翰·弗拉维尔提出。简单来说,"元认知"是对自己的思考和学习过程的认知、理解和监控。大家都听过《论语》中曾子的名言"吾日三省吾身",这正是元认知能力的表现。

那么我们如何用元认知监控自己的怒吼呢?我推荐父母可以用"元认知记录法",有效监控并理解、调整我们对孩子的怒吼。

元认知记录法包括"一记、二找、三调整"三个步骤。

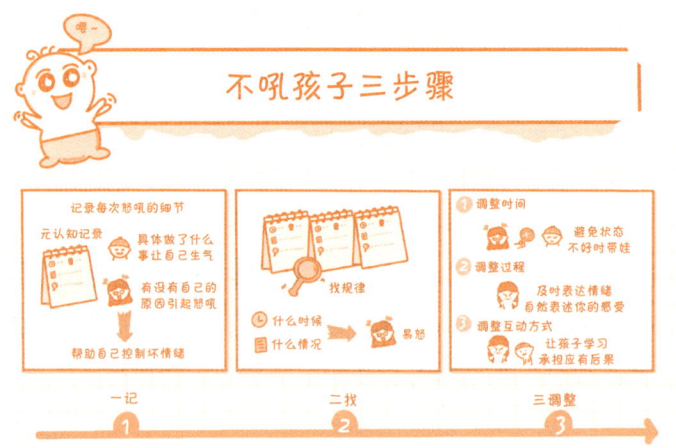

第二章
1.5～2岁，培养会思考、会社交的聪慧头脑

（1）一记

一记就是记录自己每一次怒吼的细节。孩子具体做了什么事情，让我们爆发情绪了？我们发脾气除了和孩子有关之外，有没有自己的原因？记录怒吼的细节，可以帮助我们了解自己，进而帮助我们控制坏情绪。

避免吼孩子的"元认知记录"
时间：　　　　地点：
引发我怒吼的具体事件：□吃饭 □睡觉 □玩耍 □出门 □如厕 □其他
自身的影响因素：□工作压力 □身体不适 □饥饿 □睡眠不足 □其他
备注：（可以记录自己的反思，以及下次如何调整）

（2）二找

从记录中找出规律，自己在什么时间、什么情况下最容易怒吼？是在自己下班后又累又饿的时候吗？是在自己早上着急出门，而孩子又磨蹭的时候吗？

（3）三调整

根据客观记录和找出的规律，我们需要做三点调整。

调整时间，避免状态不好时带孩子

尽量避免在自己高频率发脾气的时间段带孩子，可以在

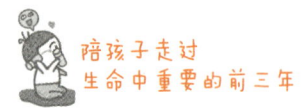

自己状态不好时去吃点东西、稍做休息调整后再来和孩子玩。或者想象自己能否做出相对应的调整，比如预留出时间，减少自己的情绪失控。

总之，在我们情绪快失控时，跳出来问问自己：你的身体发生了什么？为何对孩子的行为有这样的反应？如何才能彻底解决问题？

只有父母经常反思自己，才能做到认可和监控自我的情绪，而不是任由情绪失控。

如果你实在是太累了，无法做到停止对孩子怒吼，那么就选择暂时离开吧。确保孩子在一个安全的环境里，告诉孩子自己有点累了，需要去另一个房间休息一下，10分钟之后再回来找他。

如果家里有其他照料人，也可以互相帮忙，让一个人照顾孩子，调节一下自己的情绪。

调整过程，及时表达情绪

情绪就像一条河流，总是持续往前走。当情绪没有及时排解，就会像滚雪球一样，越滚越大，直到一发不可收拾。

情绪并不需要压抑、掩饰、逃避，如果我们可以察觉到自己情绪的变化，并将自己的感受及时表达出来，那么我们就能更好地控制自己的脾气，更了解自己，也给了孩子了解我们的机会。

和孩子描述你的感受，疏导自己的情绪的同时，你还可以打开一扇"窗户",让孩子可以看到你。

调整互动方式,让孩子学习承担应有的后果

孩子玩闹时把杯子打破了,杯子会发出巨大的声响,心爱的杯子成了碎片,孩子也无法使用这个杯子了。这个过程伴随着有逻辑的自然结果,本身已经具有强大的震慑力。法国著名的教育家卢梭曾经说:儿童所受到的惩罚,只应是他的过失所招来的自然后果。

当我们尝试让孩子承担应有的后果,而不是吼骂、责备时,孩子也会从中学习自然后果背后的因果关系,他们会从中吸取教训,避免下次再出现同样的问题。

扫码关注【玫瑶老师】,回复关键词"前三年",领取元认知记录表的电子版资源。

奖励,却让孩子成了"白眼狼"

小案例

我的邻居小陈,经常需要加班。他的孩子5岁,因为小陈陪孩子时间少,总觉得有些愧疚。于是小陈就对孩子说:每次爸爸下班回家,如果你把家里收拾干净,我就给你带你最爱吃的零食。

有一次,小陈因为公司琐事,回家忘记买零食了。结果孩子很生气,哭着质问爸爸:你凭什么不给我带零食?小陈心里五味杂陈,本来只是想弥补陪伴的缺失,让孩子高兴一下,没想到孩子却成了"白眼狼"。

小陈的例子让我想到了"德西效应",这是心理学家德西在1971年做的实验,他通过研究发现:当一个人进行一项愉快的活动时,若给他提供奖励,反而会减少这项活动对他内在的吸引力。

小陈正是因为给孩子提供不恰当的外部动力,因此导致了截然相反的效果。

"德西效应"值得引起我们的反思。一个5岁的孩子,正处于对日常生活非常感兴趣的阶段。如果我们细心观察就不难发觉,孩子对模拟大人的日常生活有着无限的激情和动力,他们学着像大人一样"做饭"(过家家),像大人一样

照顾"洋娃娃"(照顾小妹妹)。他们所做的一切,就是希望能和我们一样。而完成日常家务活,对孩子来说本身就带有极大的愉悦感和满足感。

奖励的根本逻辑和原理,就是通过给予孩子一个行为目标,达成后孩子会获得奖励,为了得到持续的奖励,于是孩子持续保持良好的行为。

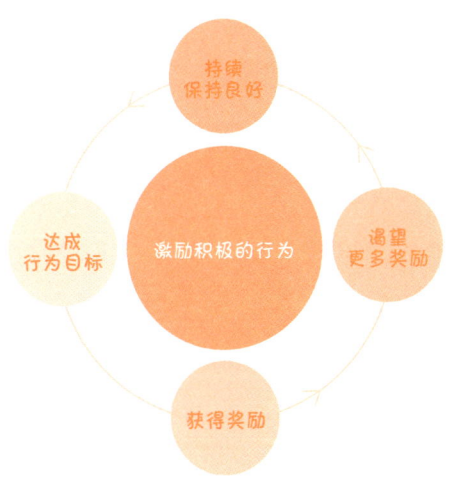

但是如果孩子没有了奖励,孩子就很难持续好的行为。因为我们对孩子的某一行为给予连续的奖励,会使孩子对奖励产生依赖,一旦奖励减少或消失,就会在客观上起到一种与奖励相反的效果。

即使我们一直给孩子提供奖励,孩子也不会因此而满足,

他的焦点会放在奖励上,而不是行为本身。孩子总想要得到更多的奖励,如果不能得到,意味着孩子所做的积极行为在短时间内就会失效。

这也是为什么给孩子奖励,起初还有点效果,后来却没有什么用的主要原因。

1. 这三个方法,比奖励更有用

(1)创造环境让孩子自己做,自我激励比物质奖励更有用

我曾在蒙台梭利环境带班的时候,见过一个叫西西的小女孩,她大概20个月左右。当我第一次给她示范了贴工盒[1]的工作之后,连续好几天,她每天来到学校的第一件事情就是去做贴工盒的工作。每次将各种形状用胶水按压,贴在纸上后,她总会很开心。她会拿着她的"作品",跑过来,说:"这是我贴的!"然后微笑着看着你。

其实我们不需要做什么,孩子做好了一件事情,他的内在已经受到奖励了,他很开心,很满足,这本身就是非常好的奖励。

儿童不需要别人告诉他事情该如何做,一个自由的心灵需要自由地选择和从事自己的工作。但在完成工作之后,儿童的成果也需要被成人看见。这种奖励是孩子的自我奖励,他们自由自在地进行工作,就已经是孩子的自我奖励了。

---

[1] 蒙台梭利环境的一个工作,木盒里放有纸张、小图形、胶水和小刷子,孩子可以用来学习用胶水和刷子粘贴东西。

孩子是可以自我教育和自我激励的,在一个自由发展的环境中,我们能见到绽放其心灵能量的全新的孩子:他们有高度的专注力和敏锐的观察力,乐于"工作"并从中获得内在的满足,有秩序感、自发的纪律性和自我控制能力,懂得尊重与关爱他人,爱护环境。

养育的重点不在于给孩子提供物质丰富的奖励,而是能否给孩子创造一个积极的、有准备的环境。提供适合孩子的、富有挑战性又丰富有趣的活动和工作,使他产生兴趣,在过程中他会获得经验、知识、技巧、概念。他会意识到自己的成功,并为这种成功感到愉快、满足、自豪。

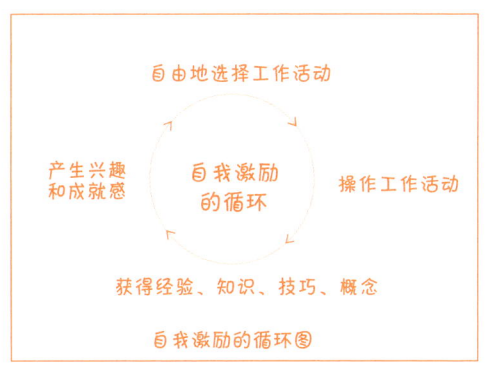

自我激励的循环图

这些积极的体验,能帮助孩子养成良好的行为习惯。如此,孩子很容易就在行动中完成了自我激励。这种自我激励是极其重要的,因为它是响应孩子生命里对学习的渴求。孩

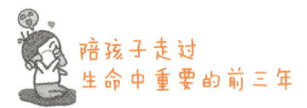

子会通过自发的学习,体验成功的感觉,这种自信将会伴随孩子,帮助他克服未来人生中面对的各种挑战。

(2)用心关注孩子做事的过程,比奖励更有用

在孩子用感官体验探索时,奖励和惩罚似乎能起到非常好的激励作用。为了得到奖励,孩子会运用大脑去记忆新的内容,但同时孩子也会逐渐丧失用评估过程去学习的能力。

因此,我们要鼓励孩子多用评估过程去看待问题。比如,我们可以和孩子说:"今天茶几上有水,我看到你用纸巾将它擦干了。现在茶几好干净啊,谢谢你!"

当孩子拿了画好的画过来,比起"好棒!这是我见过的最漂亮的画了"这些夸张的赞美,客观地描述可能会让孩子更满足并持续创作。比如可以说:"嗯,我看到了你用红色的颜料画出了长长的线,把红色和白色混合在一起,变成了一种新的颜色!"

客观地描述过程,可以让孩子关注到事情本身,关注到自己可以帮助别人,让孩子将眼光更多地放在自己的内在,孩子不断体验着和享受着做事情本身带来的愉悦,也会对做的事情有可控感,然后会有信心继续努力。

(3)平衡奖励和限制,把奖励变成日常仪式

在现实生活中,许多父母会把吃糖、吃雪糕等活动变成一种奖励。因为这些活动需要给予限制,在平时不能给太多。与其这样,不如明确地告诉孩子限制,不要将限制和奖励等同起来。

我们可以和孩子商量每周的"雪糕日""游乐场日""糖

果日"。这样孩子能更清楚地知道规则,并且期待这个有仪式感的日子的到来。

孩子知道什么时候应该做什么事。从短期看,看似是限制,但是从长期来看,能让孩子更信任父母。

我们要尊重孩子、了解孩子,只有尊重他们、了解他们,我们才有可能教育他,一味地奖励对孩子百害而无一益。就像玛利亚·蒙台梭利博士所说的,"教育是对生命的辅助",在生命的初始就进行教育,才能真正改变当今及未来的社会。

第三章

2~3岁，细养出来好性格和好习惯

"可怕的"2岁、"麻烦的"3岁，它来了！摸私处、做事磨蹭、爱哭闹、执拗、不讲理……问题行为我们逐个击破。这个章节，我们会分享如何做60分的父母，通过创建"家庭和平桌"及动手型环境，把可怕、麻烦的两三岁孩子变为我们的"合作伙伴"。SMMS金字塔模型法，让孩子感受酣畅淋漓的"心流体验"，养成善于自我纠正、专心做事的好性格、好习惯。

第一节 解开父母眼里孩子的 6 个成长难题

为什么父母在,孩子反而不好带?

> **小观察**
>
> 孩子一天在家都特别乖,可只要父母下班回到家,孩子反而不好带了。吃、喝、拉、撒、睡,永远都是找爸爸妈妈,如果不顺孩子的意,他还动不动就大哭一场。和孩子讲个睡前故事,他非要坐在妈妈的怀里。玩一会儿游戏,还非得要爸爸看着他、跟他一起玩。有时甚至连父母上个厕所,孩子都要在门口等着。
>
> 家里的老人都说,这是父母给惯的!白天老人带,孩子好着呢。

1. 为什么父母在,孩子反而不好带?

父母陪在孩子身边的时候孩子反而"不听话",这和孩子发展的阶段,以及父母的教养方式等方面息息相关。

依恋理论的鼻祖玛丽·安斯沃斯认为，父母离开后，孩子对父母的"求关注"是一种积极的依恋反馈。父母就像是一个安全的堡垒，无论在哪里，只要有这个堡垒在，孩子就感觉到安全。这是帮助孩子建立安全依恋的必须通道，是孩子对周围世界信任的一种基本体现。

美国儿科百科中也曾指出：妈妈不在家，保姆或者家人告诉你，孩子们表现得像个天使时，不要偷着开心，觉得孩子终于长大了。其实孩子并没有长大，而是他们对别人的信任不足，不敢去试探他们的底线。

因此，孩子在保姆或者其他人面前表现得"乖"，在父母面前则爱"撒娇求关注"，只不过是因为他们内心对父母有着无条件的信任而已。

当然，照料人之间养育规则不一致，可能会导致孩子表现"反常"。比如，孩子经常在父母身边时更调皮，我们要考虑父母是否给予孩子的自由太多而相对应的规则过于宽松。

尤其是父母和爷爷奶奶对养育孩子的基本原则和日常生活规范标准不一致，就很容易导致孩子"见风使舵"，在严厉的人面前表现得规矩，在温和的人面前一再试探对方的底线。

2. 三个原则，鼓励孩子与我们成为合作型伙伴

我们鼓励孩子用正确的语言和行为方式表达需求和感受，通过以下三个原则方法，我们可以让孩子更容易与我们合作。

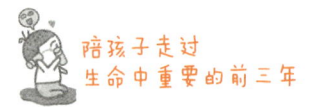

（1）平常心对待孩子的"撒娇"

孩子见到父母就各种撒娇、求关注，这个时候我们需要一颗平常心。不给孩子贴"矫情"的标签，也不用过度"呵护"孩子。

和孩子平静地谈谈你今天遇到的一些事，放下手机，认真和孩子玩十分钟的积木，或者读十分钟的书籍。你会发现，当孩子被关注，哪怕仅仅是十分钟时间，之后他独自玩耍的时候会好很多。就像安全感得到了确认，如果得不到，他会一直很想要。

（2）做 60 分的父母，给予孩子爱的同时留有空间

心理学家温妮科特曾提出做"60 分足够好的妈妈"。意思就是说，我们给孩子的爱和保护不用达到满分，其实只需要"基本够用"就可以。

给孩子留有成长的空间是很重要的，我们需要多创造环境让孩子自己做事情，而不是一手包办。当孩子有事可做，就不会一直依赖父母，他会拥抱更加宽广的世界。

当孩子自己做事情时，孩子会在错误中总结经验，他们也会更愿意和我们合作。所谓"心中醒，口中说，纸上作，不从身上习过，皆无用也"，说的就是这个道理。

很多时候我们总希望做事情再完美一点，当孩子能做好的时候，父母常常觉得很自豪，衷心为孩子感到高兴，但更多的时候，孩子经常做得不够好。作为父母的我们总是忍不住想帮上孩子一把,当孩子坚持用自己的方式做事情,有些父母甚至会讥讽孩子,"看吧,我都说你这样做不行""看吧,早该听我的多好"。

慢慢地,孩子害怕犯错,失去自信,失去对环境的信任,甚至会认为:我是一个没用的人。反正我也做不好,还是你来做吧。

留有空间,让孩子自己尝试着做,孩子才有机会学习并与我们合作。

(3)稳定自己的情绪,统一养育的规则

作为父母,我们需要让自己的情绪尽量保持稳定、平和。给孩子定的规则不会因为我们情绪的变化而随意改变。

比如,父母心情好时会好好和孩子说,茶几不能往上爬;心情不好时,父母就不管孩子了,孩子爱爬茶几那就爬吧,直到自己情绪崩溃,对孩子说:我和你说了多少遍了,茶几不能往上爬!

这样的情况就会让孩子感觉困惑,他们甚至会通过讨好父母,来确认自己的行为是否被允许,以此来得到父母的爱。

养育的规则需要统一,只有统一了,孩子才能在平和的氛围中,展现本该属于孩子的天真。

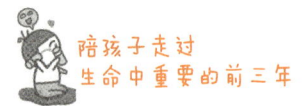

孩子刚上幼儿园,分离焦虑很严重怎么办?

> 世界上所有的爱都是为了相聚,只有一种爱是为了分离,那就是父母对孩子的爱。
> ——克莱尔

幼儿园是一个特殊的存在。孩子上幼儿园,代表着他正式从家庭走向了更广阔的世界。很多人说,我们一生中许多重要的事情都是在幼儿园里学会的,比如学会分享、耐心等待、帮助他人、注意卫生、劳逸结合等。

孩子从家庭过渡到学校,他们面对分离和适应新环境的态度各不相同。有些孩子很快就适应了学校的生活,而有些孩子就没那么容易了。

刚上幼儿园的孩子总是哭,主要原因还是因为环境和生活方式的突然改变造成孩子不适应和焦虑。孩子在上学以前,他们的生活方式比较简单,几乎是由爸爸妈妈、爷爷奶奶或者保姆来照顾。大家都以孩子为中心,围绕着孩子转,环境和照料人都比较单一、固定。

而孩子到幼儿园之后,环境忽然有了很大的转变:爸爸妈妈和熟悉的照料人不再时时刻刻陪着他了。他需要独自一人面对新的环境、老师和同学。

面对全新的环境,他们需要不断地确定:我是安全的吗?

爸爸妈妈离开了还会回来接我吗？孩子在情感和认知的拉锯中，难免会产生身体上的不适应和心理上的焦虑。

总体来说，孩子从焦虑到平稳过渡，会经过三个阶段。

1. 分离焦虑的三个阶段

（1）反抗，"我要回家"！

这个阶段的孩子最直接的表现就是撕心裂肺地大哭。每天送孩子去幼儿园的路上，都会上演各种"生死离别"。这时孩子的口头禅是"我不要上幼儿园""我要回家"，孩子表现得极为愤怒或反抗。

（2）失望，"那又怎么样呢？我还是得上学"。

慢慢地，你会发现孩子开始有了一些细微的变化：他不再那么撕心裂肺地哭了，而是变成了断断续续地哭。你仍会听到孩子哭，但是比起第一阶段，哭的强度有所降低，频率有所减少。

如果在幼儿园孩子看到其他人哭，他也会跟着哭起来。这个阶段的孩子可能会出现不理睬他人、反应迟钝的情况。

我们也会强烈地感觉到孩子的心灰意冷和无奈。"是啊，不想去上学，但是又能怎么样呢？我还是得去。"

（3）接受，"我喜欢幼儿园"！

孩子开始渐入佳境，接受老师的照料，会跟着园里的一日流程开展部分或全部的活动。他会学着自己吃饭、喝水，和其他孩子一起做游戏，但是看到爸爸妈妈又会表现出伤心。

　　以上这三个阶段，因为每个孩子成长的环境不同、个性不同，因此渡过的时间也是有长有短，并且有可能出现反复的现象。

　　如果我们能保持平和积极的心态，那么我们就可以变成帮孩子顺利渡过焦虑期的助推剂。孩子是天生敏锐的观察者，如果我们表现出对孩子和新环境、新老师的信任，那么孩子就能接收到信息，从而信任自己、信任环境，逐渐适应幼儿园的新生活。

2.让孩子适应幼儿园，父母四个时间节点的引导很关键

　　我们可以在孩子入园前、入园时、接园时和回家后这四个时间节点，巧用一些技巧，帮助孩子缓解焦虑，更快适应幼儿园。

（1）入园前：提前预演一日流程，告诉孩子回家的"时间参照点"

常言道：好的开始是成功的一半。如果前期有较好的铺垫，那么孩子适应幼儿园这件事就会有事半功倍的效果。提前预演一日流程，告诉孩子回家的"时间参照点"可以做到很好的铺垫作用。

2～3岁的孩子，对秩序、顺序有着十分敏感的需求。熟悉的一日流程，会让孩子产生内在的安全感。他能够预知自己接下来可以做些什么，这种控制感会让幼儿感觉良好。

孩子在上幼儿园之前，如果可以按照幼儿园的作息时间起床、吃饭、午睡和活动，对孩子适应新环境是有极大的帮助的。

值得注意的是，2～3岁的孩子对时间还未形成良好的概念。他并不能理解我们说的，"到四点半爸爸妈妈就来接你"这个时间长度代表的是多久的时间。

我们可以通过利用孩子对秩序和顺序的敏感性，让孩子理解我们接园的时间。比如，"你午睡起来后会吃点心，再玩一会儿爸爸妈妈就来接你了"，这样能帮助孩子缓解焦虑，期待父母的到来。

我们还需要考虑给孩子准备的物品，让孩子可以更好地使用。比如，给孩子准备宽松的衣裤或者分体的上衣和裤子，这样的衣物比较容易更换。这些小细节都可以帮助孩子在幼儿园学习更好地独立做事情。

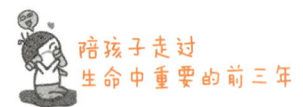

（2）入园时：温柔而坚定地离开，孩子哭闹更少

一般幼儿园入园的时间是 8：00～8：45，而 8：30 左右是人最多的时候，老师也会非常忙。因此为了让孩子和我们有一个比较好的分离，我们可以选择在 8：00 左右送孩子入园。

把孩子交给老师后，微笑着告诉孩子你会来接他，然后就可以离开了。如果此时父母离开得拖拖拉拉，会加大孩子与我们的拉锯，让分离变得更加痛苦。

我们与孩子分离时，孩子或许会哭闹，这都是非常正常的，他只是需要一些时间适应新的生活。事实上，绝大多数分离时"鬼哭狼嚎"的孩子，在进入教室后都可以很快平静下来。

（3）接园时：别急着回家，帮助孩子建立他的"朋友圈"

如果幼儿园门口有孩子可以活动的空地，孩子在回家前能在幼儿园外多玩一玩，那是最好的。我们可以通过和老师的沟通，了解孩子在幼儿园里最经常和谁互动。一般孩子总会有几个比较交好的小伙伴。平时我们多和这几个孩子的家长沟通交流，建立比较好的关系。

当孩子有了自己的朋友圈子，就会有比较好的情感依托，回到家后孩子还会和你讲学校发生的事情。

（4）回家后：持续的家庭沟通，用"我猜猜话题"建立连接

在入园早期，家长们可以多跟老师聊聊天，了解孩子们在幼儿园玩过的小游戏，多多引入老师在幼儿园的游戏方式、教育方法等，让幼儿园的生活延续到家里，进一步消除孩子入园的陌生感。

平时在家时，多向孩子表示：老师经常提起你呢！向孩子说说老师描述孩子的具体事情，孩子会看到我们和老师是一种信任的关系。他会逐渐明白，老师是可以信任的人，在学校，老师就像爸爸妈妈一样，可以帮助他。

除了问老师孩子在学校的情况，我们也可以问孩子关于幼儿园的更多细节，帮助孩子更好地适应。那么有些爸爸妈妈就有疑问了：我也想从孩子嘴里知道更多幼儿园的事情呀！可是问孩子吧，孩子要么说不清楚，要么就是一问三不答，有些时候还不耐烦地跑开。

我们可以试试用"我猜猜……"的句式来开启一个话题。比如："我猜，今天学校里有你喜欢吃的糖醋排骨！对不对呀？"

有时我们还可以故意猜错一些问题，比如："我猜，你们学校的滑梯那么高，你肯定没有去玩吧！"孩子可能会说"才不是"，之后不用我们说太多，他就自然地接上介绍学校的话题了。

从孩子感兴趣的点进入"我猜猜话题"，通常会有比较好的效果。

①对运动量大的孩子，我们可以从学校的体能游戏入手

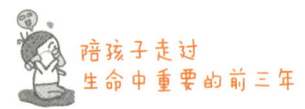

打开孩子的话匣子。

②对饮食感兴趣的小朋友,我们可以从学校的点心入手进行猜猜猜。

③对社交能力强的孩子,我们可以猜班上其他小朋友的一些小细节。

④对性格比较安静的孩子,我们可以猜班上做的手工活动。

总之,就是猜着聊一些"无关痛痒"的小细节,因为有具体的场景感,孩子比较容易回答我们的问题,并且和我们交流。通常在这些小细节里,我们也能更加了解孩子在学校的情况。

当然,我们也要避免用"我猜猜话题"去问一些不合时宜的、容易误导孩子的问题。比如,"我猜老师今天打你了""我猜老师今天吼过其他小朋友",像这类型的问题,杀伤力极强,不仅问不到孩子在幼儿园真实的情况,还可能错误地引导孩子的认知。

"我猜猜话题"的目的,是根据每个孩子在幼儿园的兴趣点,延续幼儿园的话题。让孩子回溯一天的幼儿园生活,逐渐建立起第二天入园的期待,产生正向的循环。

孩子的成长,是一个循序渐进与我们分离的过程。北大才女赵婕曾说:"我钦佩一种父母,他们在孩子年幼时给予强烈的亲密,又在孩子长大后学会得体地退出,照顾和分离都是父母在孩子身上必须完成的任务。亲子关系不是一种恒久的占有，而是生命中一场深厚的缘分，我们既不能使孩子感到童年贫瘠，又不能让孩子觉得成年窒息。做父母，是一场心胸和智慧的远行。"

面对分离，如果父母焦虑，孩子也会模仿大人的情绪，所以做父母的要保持放松的心态，并且相信自己的孩子。当我们前期给了孩子足够多的爱，在分离的时候充分信任和放手，就是对孩子最好的支持。

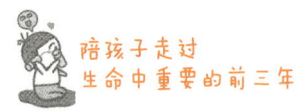

为什么孩子做事注意力总是不集中?

> 聚精会神的状态,比知识还重要。
> ——玛利亚·蒙台梭利

专注地观察,是孩子和世界产生连接的方式。孩子的专注力在哪里,收获就在哪里。认知神经科学家安妮·特丽斯曼认为,我们对专注力的运用决定了我们所看到的东西。

6岁前的孩子是感官学习者,他们会专注做自己感兴趣的事情。比如,孩子去海边玩,他们会把专注力放在玩软绵绵的沙子、流动的海水、颜色各异的贝壳、湿漉漉的水草等这些有感官刺激的物品上。

而父母则可能会把专注力放在沙滩上一个不起眼的烟头,以此来判断这个沙滩是否干净,是否是一个"好地方"。

因此,毫不夸张地说,专注力相当于人的"认知肌肉",我们要依靠它去理解世界、把握任务、学习或创造。

那么,为什么有些孩子没有专注力呢?到底是什么扼杀了孩子的专注力?

1. 这四个行为,正在无形中扼杀孩子的专注力

孩子在出生后就具有专注的本能,如果孩子缺乏专注力,我们需要考虑以下四个因素。

（1）过多的提醒和帮助，会扼杀孩子的专注力

有一部分父母总觉得自身的经历比较丰富，看到孩子做不好一件事，总是忍不住帮上一把，或者"好心"提醒孩子。然而，过多的提醒和帮助，可能会扼杀孩子本身具有的专注力。

北京奥运会女子 100 米跨栏比赛，运动员洛洛·琼斯是热门的冠军候选人。最开始的时候她一马当先，轻松跨过了前面所有的栏架，然而意外发生了，她撞倒了第 9 个栏架——本来她只要跨过 10 个栏架就赢了。她与冠军失之交臂，最后只获得了第 7 名，泪洒田径场。

后来记者采访她时，她说刚开始她觉得速度有些快，于是便对自己说："动作一定要到位……把腿打开。"结果却发生了失误。

很多神经学家认为，当我们开始考虑技术细节，而不是交由对技术动作"了然于心"的运动神经去自动执行动作时，就会对专注力形成干扰，反而不利于动作执行的效果。

孩子的成长也是一个道理。一个在练习扫地的孩子，他刚开始可能扫得并不好。如果我们频繁提醒孩子、帮助孩子，实际上会打断孩子的专注力，破坏了孩子习得动作的能力。长此以往，他们逐渐会变得难以专注。我们出于好心的"帮助"，可能反而阻碍了孩子内在专注力的集中。

（2）压力和心理负担，会分散孩子的专注力

当我们感到有压力或有心理负担时，失误就会增多，注

意力也容易被分散。如果压力和心理负担越来越大，那么就会引起焦虑。

压力容易让人迷茫和无助：如果做的事情本身就没有价值，那么一开始为什么还要做呢？这种无助的感觉容易让孩子对种种事情失去兴趣，变得难以专注。

（3）难度太低或者太高，孩子的大脑和行为无法实现同步专注

如果孩子做的事情难度太高，孩子就容易产生畏难心理，不愿意尝试；如果太简单，孩子也容易失去兴趣。当然孩子不会告诉你，这太难了或是太简单了，他们用的最直接的方式就是跑开。孩子会跑开，是在用本能告诉我们：他对此时此地发生的事情不感兴趣，孩子的大脑和行为无法实现同步专注。

（4）睡眠不足，导致大脑无法集中注意力

我们都有这样的经验：前一晚如果休息不好，第二天的工作状态就会比较糟糕，容易犯困、走神，更谈不上集中注意力了。睡眠不足会让大脑处于超负荷的状态，导致思考能力下降、警觉力与判断力削弱。

2. "SMMS 金字塔模型"，帮助孩子重获专注力

如何让孩子拥有更持久的专注力，我认为我们需要考虑孩子的睡眠、成人的互动方式以及孩子做的事情的难度是否和自身能力相匹配。我将这些因素归结为 SMMS 的专注力金字塔模型。

第三章
2~3岁，细养出来好性格和好习惯

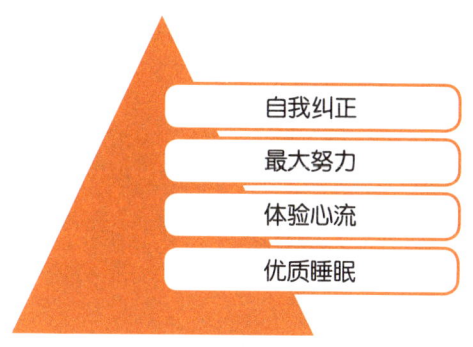

最上方是持续的专注力

（1）自我纠正

自我纠正的意思就是我们要给孩子提供一个自由探索的环境，减少对孩子的不必要干预和帮助。充分信任孩子，放手让孩子做生活中的事情，孩子自然有更多的机会练习专注力。

允许孩子犯错，是非常重要的。比如，孩子把被子叠得歪歪扭扭，我们马上指出孩子的错误，可能会打击孩子做事情的信心，下次他会说：还是你来吧，反正我也做不好。

如果我们能肯定孩子，给予他更多的信任和耐心，并在恰当的时候自己示范给孩子看，孩子不仅接受，他也会在经验中学会自我纠正，把被子叠得更加整齐。

有一次，女儿的老师给了我一些孩子的手工作品。那是一份"刺工"的工作。所谓的刺工，就是孩子手握带有粗针头的笔，在纸上刺出对应的小点。有一段时间，孩子非常痴迷这个活动，从她不同时期的作品中，我可以看到孩子是如何学习自我纠正以及不断练习专注力的。

第一阶段：卡上满满都是刺的洞。孩子此时更多是在探索握着刺针，刺出洞的过程。

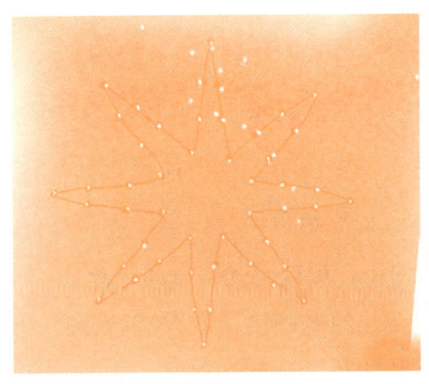

第二阶段：开始对着卡纸上的点做出刺的动作，有意识地控制自己的手眼协调。

第三阶段：基本上可以完成全部的刺点，有部分遗漏。

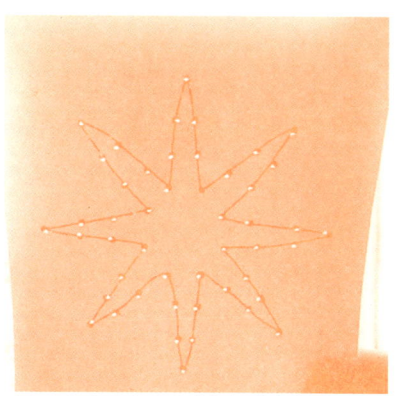

第四阶段：所有刺的点都在相应的位置上，遵循卡纸上的规律。

在这个过程当中，孩子学习专注去做一件事情，意志力、动手能力、逻辑能力、观察能力都得到了提高。值得注意的是，当孩子刺的地方不对，或者刺的洞少了，我们并没有去

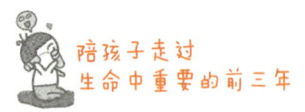

强行纠正。正是因为我们没有善意地提醒孩子"要刺在这个地方",孩子才有了更多的机会进行自我纠正和探索,并且在这个过程中判断得越来越精确,收获了成长和自信。

(2)最大努力

所谓的"最大努力",就是孩子用尽所有力气,想尽一切办法去做一件事情。

一辆小推车,孩子需要用多大的力气才可以搬起来上一个台阶?一个快递,孩子需要用多大的力气才可以抱起来拿回家?

当孩子付出最大化的努力时,他投入的专注力才能给他带来乐趣。

在日常生活中,我们也有许多可以让孩子付出最大化努力的小活动,比如擦桌子、扫地、整理散乱的玩具等。这些工作对大人来说或许很简单,但是对孩子来说需要付诸努力才能完成。

一旦专注投入,孩子的生活立刻就变得活生生起来。毫不夸张地说,孩子最好的专注状态,就是进入鲜活生动的生活。日常家务可以锻炼孩子的专注力,并且让孩子享受工作带来的成果,让他们觉得自己是一个有价值的人。

(3)心流体验

"心流"是什么?心流体验这个词,最早是由著名积极心理学家米哈里·契克森米哈赖提出的,他认为:心流是一种将个体注意力完全投注在某活动上的感觉,心流产生的同时会有高度的兴奋及充实感。

我认为心流状态的产生和孩子的能力、操作活动的难度有很大的关系。但是，难度系数和孩子的能力水平并不是要完全一致，最好的状态是孩子现有的能力水平，再努力一下就能完成挑战。如果能持久把握挑战与技巧这个"努力一下就能完成"的黄金比例，那么孩子就能维持越长时间的专注力。

> **小观察**
>
> 我女儿是一个十足的乐高迷。大概从1岁半开始，她就开始接触大块的乐高积木块了，每天玩一会儿乐高，成了孩子的乐趣。但是女儿三四岁的时候我再陪孩子玩乐高，就明显发现她对乐高的兴趣度下降了。她经常是玩一会儿，就把乐高散放在地上，转而又去玩其他的玩具。
>
> 于是我开始思考：是不是孩子对大块的乐高积木已经失去挑战的兴趣了呢？我决定更换一批小块的乐高，看看孩子的接受度。结果小块乐高积木买回来的第一天，孩子太喜欢了！新的小块乐高积木，增加了图示，需要孩子一块一块地将它们按照步骤拼接成吊塔、消防站、大楼。
>
> 这一天，孩子除了吃饭和上厕所，都在搭乐高。她全神贯注，连额头上冒出的汗滴也顾不上擦一擦，完全进入了忘我的心流状态。

在心流状态中，孩子的状态是饱满充沛的。当我们完成一项挑战，我们会兴奋，这种生命状态，可以让我们一直保持对学习的自我满足感和期待感，产生良好的动态循环。

不知不觉中，你会发现：孩子竟然专注地完成了这么多事！

（4）优质睡眠

保证高质量的睡眠，就是为孩子的专注力发展提供内在保障。睡眠时，大脑就像放电影一样，回溯白天发生的事情，并将不常用的信息进行修剪，空出更多的空间，加强常用信息的神经通路，自动整理和巩固记忆。

睡眠，就是让大脑得到充分的休息，这样孩子才有能量学习集中注意力。养成良好的作息规律，保证孩子充足的睡眠时间，可以为孩子专注力的发展奠定重要基础。

孩子总是摸私处，如何给他做性教育？

1. 孩子为什么会摸私处？

（1）身体探索的需求

对于两三岁的孩子来说，他们可能会在生殖器裸露出来的时候用手去摸。

当然，两三岁的孩子还不会将这件事情和达到性高潮等目的联系起来。孩子只是在探索自己的身体而已，这就和小宝宝发现了自己的手指和脚趾，将它们放在嘴里吮吸时会感到高兴，并且重复这个动作一样。孩子摸私处只是在学习探索自己身体的部位，这让他们感觉良好。

（2）情感和陪伴的需求

当孩子缺乏父母的陪伴和关注，自己的情感需求得不到满足时，他们也可能会用刺激自己的生殖器获得快感的方式来缓解情感的缺失。

尤其是现在的社会，父母忙于工作和学习，很少有时间好好陪伴孩子。很多孩子甚至从小和爸爸妈妈的肌肤接触都非常少。当父母终于有时间了，他们又拿起了手机，很难做到全身心地去陪伴孩子。孩子感觉无聊了，可能就会更早地自我探索安慰的方式。

越来越多的研究表明，孩子摸私处，并不会给他们的身

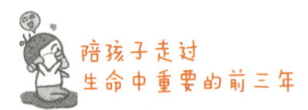

体或者精神带来伤害,随着年龄的增长,孩子频繁摸私处的动作会减少。呵斥并不能禁止孩子摸私处的行为,甚至有可能会让事情变得更糟糕。比如孩子可能会"越禁止、越来劲",严厉地呵斥甚至会让孩子以后将"性"和"羞愧感"联系起来,不利于孩子身心健康自然地发展。

那么面对这样的情况,父母如何引导处理比较好?我们又该如何对两三岁的孩子做性教育呢?

2. 处理孩子摸私处,把握两个原则、三种情况

摸私处其实是一种十分隐私的行为,介入时我们需要把握尺度和方式。总的来说,我认为最重要的两个原则就是尊重和低调。

尊重,意味着不呵斥、责骂、讽刺、挖苦孩子。

低调,意味着我们不会大声张扬孩子摸私处的行为。

一般来说,孩子摸私处有三种情况,我来说明如何用尊重和低调的方法来处理。

(1) 公共场合:用简洁扼要的语言,低声及时制止

大人们都可以理解,有些事在家里关上门可以做,但是在公共场合做就不太合适。但是对于低龄的孩子来说,这些不同的"社会规范"和"行为准则"他们很难分辨。

因此,如果孩子在公共场合摸私处,我们可以直接低下身子,用简明扼要的语言及时制止,同时转移孩子的注意力,

引导他做其他的事情。

比如,我们低下身子,凑近孩子看着他的眼睛说:"宝宝,在公共场合不可以摸那里。来,我们一起去前面的书店逛逛,看看有没有你喜欢的绘本。"

使用简洁的话语,孩子可以更明确地知道我们的期待,他也能更好地明白在公共场合什么样的行为是合适的,而什么样的行为是欠妥的。随着孩子长大,他对这些行为准则会把握得越来越好。

(2)特殊的场合:帮助孩子理解摸私处的限制

我曾经进班观察过一个老师的班级。这个班里有一个3岁左右的男孩子,在午休盖上被子的时候经常会摸私处。班级里的孩子是一起睡在教室里的,每个孩子都有自己的小床。老师可以透过被子看到这个小男孩的动作,孩子的脸看起来有些发红并且表现出兴奋。那么这种情况要怎么处理呢?

老师选择了"假装"没看见。当然,老师并不是完全不理会孩子,而是用一种更低调的方式去观察孩子。如果孩子动作比较大,被子掉落在旁边,老师会轻轻地走过去,帮他盖上被子,然后静悄悄地离开。

我很喜欢老师处理这件事情的方法,在这个案例里,我们从老师的行动中看到了什么是尊重和低调的原则。这种感觉很微妙,虽然老师什么话都没有说,但是孩子会明白:摸私处不是什么糟糕的事情,但是这很隐晦,并且做

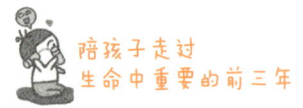

的时候不要被其他人看见。

（3）在熟悉的家庭环境里：多转移注意力、多陪伴

如果孩子在家里总是摸私处，我们可以试着这样引导。

"宝贝，这种事不能当着别人的面做哦。"（提出限制）

"而且一直做，就没有时间做其他有趣的事情啦！"（进行引导）

"厨房里有一些快过期的面粉，我打算把它做成橡皮泥玩。你要一起去吗？"（转移注意力，让孩子有事可干）

在这个过程中，我们的心态也是平静的、自然的。最后通过转移注意力的方式，让孩子知道，我们的双手还可以做很多有趣的事情。

我们也可以多带孩子去户外，大自然有着广阔的天地，树木、花草、微风、海浪、白云、昆虫，每一种事物都能给孩子带来强烈的感官刺激以及心灵的满足。当孩子能够融于自然，尽情探索，频繁摸私处的问题行为就会逐渐减少。

我们很难去改变孩子的行为，但是我们的态度以及营造的环境可以非常深刻地影响孩子。

3. 给孩子做性教育，有两点很重要

（1）练习"脱敏"，用生活性的语言和自然的态度和孩子谈性

有一些父母总是觉得和孩子谈性的时候，特别不自在，

特别难以启齿,这样是很难向孩子科普正常的性教育知识的。

我们可以先从练习说出生殖器官的名字开始。生殖器官和我们身体的其他部位一样,都有名称,比如男性的阴茎、睾丸、包皮,女性的阴道等。

对于低龄的孩子,我们可以用"屁股"这样"生活性的语言"。生活性语言的特点就是用低龄的孩子能听懂、能交流的专有词汇来描述。父母首先要练习到逐渐"脱敏",若说起生殖器的名字就像说鼻子、嘴巴一样正常,那么以后和孩子在一些恰当的时机,说起性知识的时候就不会感觉难以启齿了。

我们还可以抓住日常生活的最佳时机,让性教育变得自然。比如给孩子洗澡和更换衣物的时候,就是一个比较自然的性教育时机。

对女孩,可以这么说

宝宝,现在我要给你洗澡了。这里是你大腿的内侧,让我们擦一擦。我现在要给你擦一擦阴部的位置了。让我们再擦一擦屁股。擦洗干净,这样就舒服多了!

对男孩,可以这么说

宝宝,现在我要给你洗澡了。让我们把宝宝的包皮洗一洗。它是你很重要的身体部位,要轻轻地哦!下面还有两个睾丸,让我们也擦洗一下,最后是屁股。嗯,这样就干净又舒服了!

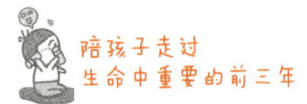

通过这样的方式,可以帮助孩子很自然地意识到自己身体的器官,以及提高对自我的认知。同时可以趁这个时机,向孩子普及一些私处保健的卫生知识。告诉孩子,我们的生殖器是很重要的,要好好保护起来,不可以在公共场合将它们裸露在外。

(2)先认知身体,再建立界限

两三岁的孩子看到爸爸妈妈的生殖器官是不同的时候,会感到好奇。这个时候我们可以不用过分强调隐私教育,而是满足孩子的好奇心,满足孩子对身体各个器官的探索。

如果条件允许,也可以和孩子一起洗澡,让孩子观察成年男女的不同。我们还可以通过绘本、拼图、模型、图片等方式直观地和孩子讨论男孩和女孩身体器官的差别。

在孩子三四岁之后,我们就要让孩子认识到需要尊重每个人的隐私。可以告诉孩子:"背心和裤衩覆盖的地方,都是属于私密部位,除了爸爸妈妈外,任何人都不可以在没经过你允许的情况下触摸你私密的地方。"

孩子三四岁后,我们要帮助孩子建立身体的界限和边界感。父母自己也要做到以身作则,如上厕所、换衣服需要关上门,平时也要保护孩子的个人隐私部位。

总的来说,两三岁前的性教育重点是尽量满足孩子的好奇心,助其探索身体、认识男女大不同。而在三四岁后,性教育的重点应该放在引导孩子尊重个人的隐私,建立身体的界限感和自我保护上。

孩子动不动就崩溃大哭，无理取闹又执拗怎么办？

> 秩序意味着光明和安宁，意味着内在的自由和自我控制，秩序就是力量……秩序是人类最大的需要，是真正的幸福所在。
>
> ——阿米尔

小观察

3岁的小周最喜欢吃榴梿酥。刚做好的榴梿酥很烫，平时妈妈都会把榴梿酥放凉了才给小周吃。有一次，妈妈直接撕成小块，小周的脸立刻就沉了下来，使劲儿地喘着粗气，摆出生气的架势。

妈妈怎么哄都不行，实在没辙了，妈妈只得给小周又做了一个完整的榴梿酥，孩子这才停止了哭泣。

面对孩子的执拗，妈妈们心里万般无奈，感觉很崩溃。好好和孩子讲道理，孩子听不懂。孩子哭闹起来的时候自己的心里就像有一座火山，随时都在爆发的边缘。很多父母不断告诉自己，不要吼孩子、不要打孩子。父母也知道吼骂对孩子不好，但是自己憋着也成了内伤！有时候真的忍不住！

鞋子要放在固定的地方、电梯按钮必须他来按、月饼不能切开，否则就是不完整的。为什么孩子变得这么执拗呢？

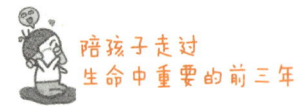

1. 孩子哭闹、执拗，有两个内在原因

孩子外在的行为和内在的需求是息息相关的，孩子变得"执拗"，我认为有两个内在原因。

（1）孩子认定的"秩序"被打破

孩子有时候特别追求"完美"，并且有自己的一套"法则"。一旦他认为自己的那一套"法则"被打破了，就很容易焦虑。这个法则就是孩子对事物认知的客观秩序。

人类出生时就偏爱有秩序感的环境。一个几个月大的婴儿，如果每次我们都在同一个地方给孩子喂奶，那么就会形成一种外在的稳定秩序，这种秩序感会给孩子带来内在的稳定感受。

当孩子饿了，哇哇大哭的时候，我们把他抱到这个喂奶的区域，即使孩子还没吃上奶，他的哭声也会减弱。因为他知道自己将会喝到奶，他的需求是可以被满足的。外在的秩序感会给孩子带来内在的安定感受，降低他的焦虑。

绝大多数的孩子在一两岁后，这种秩序感的倾向会更加强烈。"鞋子要放在固定的地方、电梯按钮必须孩子按、月饼不能切开，否则就是不完整的"在我们看来或许孩子有些"无理取闹"，但这是他们通过特定的外在秩序来建立自己对世界的认知，也间接体现了孩子思维能力和认知能力的发育。

如果我们不理解，打破了孩子的秩序感，孩子可能就会出现害怕、哭闹、焦虑、发脾气的现象。

（2）孩子探索和做事情的需求没有被满足

孩子发脾气，产生负面情绪的时候，我们还要考虑孩子的身心需求是否有被满足。孩子渴望自己做事情，动作敏感期又让孩子不由自主地通过感官去探索世界。这就是孩子与生俱来对学习和探索环境的本能渴望。

如果我们没有给孩子一个可以被探索的、能满足他活动需求的环境，那么他就会通过哭闹来表达。

2. 三个方法，教你和执拗的孩子沟通

（1）避免"正面交锋"，将孩子的"执拗"引导到正确的事上

"鞋子必须放在这里，这个东西由我来拿，电梯我来按"孩子的要求其实不高，这些极小的事，只要我们愿意陪伴孩子重新做一遍，换来的就是亲子关系更进一步，何乐而不为呢？

顺着孩子的意愿进行引导，我们就会看到孩子的创造力。这就像顺着水流的方向推船——不费劲！

孩子对秩序有强烈的敏感度，我们正好可以利用这一点，培养孩子日常生活的好习惯，一举两得。

比如，孩子要玩水，即使身上全部打湿了也要接着玩。那么我们可以抓住孩子对水的探索需求，引导他用正确的方式。

①在阳台放一个孩子能用的浇水壶，带着孩子学习装水、浇花。

②在洗手台旁边加一个稳固的踩脚凳,挂一个孩子能够得到的小挂钩,小挂钩上放小毛巾,让孩子可以踩上凳子拿到小毛巾,打湿后去擦桌子、洗脸等。

③在厨房,你还可以让孩子淘米洗米、摘菜洗菜等。

让孩子参与日常生活,协助孩子一起做,而非替他做。当孩子可以照顾自己,甚至照顾身边的人和环境时,孩子会感受到自己是一个有能力的人。孩子是家庭的一分子,而不是客人,他也可以为家庭贡献自己的力量,找到自己的归属感和价值感。如此一来,就能减少孩子哭闹、大叫的情况,避免孩子与我们进行不必要的对抗。

(2)适当共情,客观描述事实

在心理学上,有一个词汇叫"共情"。

它是由人本主义创始人罗杰斯阐述的概念,却越来越多地出现在现代精神分析学者的著作中。简单来说,我们可以把共情理解为"用你认为别人会用的那种视角去体验生活的能力"。

"共情"这个词这些年非常流行,但是我在给许多父母做咨询的时候,发现很多人都过分滥用了"共情"这个概念。比如,孩子的一个玩具摔坏了,正在哭。我们说:"哎呀,宝宝的玩具摔坏了,这是你最喜欢的玩具了,你一定觉得特别伤心、特别难过吧!"

本来孩子就难过着呢,当我们说"最""绝对"这些绝对性的话语时，容易让孩子原本就崩溃的情绪变得更加一发不可收拾。

因此，我们应该避免用这些绝对性的话语，应该把重点放在让孩子可以平复自己的情绪上。

我们可以试着进行共情连接，再用语言描述客观事实。

比如，我们可以这么说："宝宝，你的玩具摔坏了，你有一点点伤心，一点点难过。妈妈知道你很喜欢这个玩具。"抱抱孩子，缓和一下情绪，接着说："我们来看看玩具摔哪里了？哦，我看到这个超人的左手臂摔断了，但是他的头和其他的身体部位是好的。让我们来想想办法，怎么样可以修一下呢？"

适当共情连接（右脑）+ 描述客观事实（左脑）= 连接左右脑。

这个过程非常微妙，我们引入了真实情绪，并帮助孩子以建设性的方式处理这些糟糕的情绪。我们不希望孩子受到伤害，同时也希望他们不仅能克服生活中的困难，还能直面困难并获得成长。这就是整合左右脑进行思考的重要意义。在潜移默化中，孩子就会变得更"完整"，他也更加能接纳自己，使自己的生活和人际关系更和谐。

（3）减少不必要的生活用品，创建有规律和秩序感的环境

良好的家庭环境，会让一切更有秩序。有条有理，可以让我们育儿更有效。减少孩子的玩具、衣物、书籍的数量，将不常用的物品暂时收纳起来,可以让环境变得更有序,从而减少冲突和问题发生。

之前有一对父母向我咨询,他的孩子特别喜欢扔书,站在书架前就开始一本一本的扔地上,有时候他会找一本坐下来看,有时候扔完就走人。父母怎么引导他都不愿意收拾,还说"妈妈帮帮忙,我不想捡"。于是每次收拾,大家都会弄得很不愉快。

后来妈妈开始调整方法,减少了书籍的数量,选用开放式的书柜,孩子的架子上只留五六本书,每一两周更换一次。这样一来书柜看起来整齐有序多了,更重要的是,调整后不仅增强了孩子收拾管理书籍的能力,也减少了父母在后面"擦屁股"引起的不愉快。

作家弗拉迪斯拉夫·莱蒙特曾说:"世界上所有的一切都必须按照一定的规矩和秩序各就各位。"而对于处在秩序敏感期的孩子来说,秩序就像空气一般重要。有秩序的生活,能带给孩子内在的安定,帮助他们更好地和世界互动。

孩子总是做事磨蹭怎么办？——他不懒，而是"怕"

> **小案例**
>
> 3岁的小安最近上幼儿园特别磨蹭。妈妈每天早上都会上演"惊天地，泣鬼神"的"催娃"模式：叫第1遍，孩子纹丝不动；叫第2遍，孩子哼哼唧唧回应一声；叫第3遍的时候，孩子才不情愿地拖拉着身体起床，眯着眼磨磨蹭蹭穿衣服。孩子拖延的情况越来越严重，父母越是催孩子，他反而越来越慢。

孩子为什么总是磨磨蹭蹭？为什么大人不断地催促，孩子反而越来越慢呢？

1. 孩子拖延、磨蹭不是懒，而是"怕"

孩子上幼儿园的时间不长，对新的环境、新的老师还不是很熟悉。妈妈说孩子不是很愿意参加老师开展的某些活动，也不愿意去学校上厕所。当询问孩子原因时，才知道孩子是害怕自己"做不好"。

当孩子能力不足，对自己没有信心时，就很容易导致上学焦虑和磨蹭。说白了，孩子拖延不是因为懒，而是因为"怕"。

虽然"懒惰"和"拖延"表现出的行为都是磨磨蹭蹭，但是实际上两者是完全不同的。

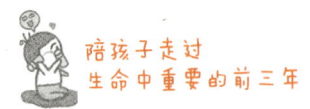

"懒惰"是指孩子本来有能力完成一件事,但是对这件事并不感兴趣,没有动机努力完成。而"拖延"就不一样了,拖延是孩子刻意回避需要完成的事情。在回避起床、回避参与学校活动的过程中,孩子还会产生焦虑、不安、愧疚的情绪以及自我怀疑。

当孩子担心自己做不好时,他就会用拖延磨蹭来回避,回避的时间越久,孩子就越没有信心,这样下去容易导致情绪和自我怀疑的恶性循环。

2. 拖延、磨蹭背后的两个原因

(1)低龄孩子缺乏"时间知觉"

对时间的认知和感觉也叫作"时间知觉",时间看不见也摸不着,孩子是无法直接感知的。时间知觉不像空间知觉,有具体的物品和事物作为参照物,因此孩子的时间知觉的发展要明显晚于对空间的知觉。

最新一版《儿童保健学》中提道:5岁儿童的时间知觉不准确,往往用事物的空间关系代替时间关系;6岁儿童对短时知觉的准确性和稳定性有所提高,并开始区分时间与空间,但不很完全;7岁后,孩子开始能区分时间和空间的关系,掌握相对的时间概念,如昨天早晨、明天晚上等。

因此,这也不难解释为什么当我们催促孩子"还有20分钟,不然就迟到啦",孩子却对此无动于衷,因为低龄的孩子压根对时间就没有太多的概念。

（2）拖延、磨蹭的孩子，背后是睡眠不足的问题

如果孩子前一晚的入睡时间太晚，睡眠时间不足，会影响孩子对外界的理解。由于孩子无法准确评估和明智地采取行动，所以无法对事件做出合理判断。最明显的表现就是孩子反应迟钝、动作拖拉，同时还会伴随着"起床气"。

3. 不催不吼，五大方法培养自律的儿童，告别起床拖拉

那么面对孩子每天起床时的拖拉、磨蹭，作为父母有哪些好办法可以帮助他们，让他们变得更自律呢？这里我推荐五个方法。

（1）避免催促，正面说出真实想法

每次我们催促孩子，其实是把我们焦虑的心情间接嫁接在孩子身上，但是孩子并不知道为什么要那么着急。与其冲着孩子喊"快点、快点"，还不如直接正面说出我们催促背后的真实原因和想法。

比如你可以说："宝宝，你起来刷牙洗脸我们就可以出门了，今天学校有家长日活动，我已经迫不及待想去看看，真不想错过前面精彩的环节。"

也可以根据实际的情况做调整，比如你可以说："宝宝，让我们起床刷牙洗脸吧，一会儿就可以坐上校车上学了。如果校车来了，我们没有到，它就要去接其他的小朋友啦。"

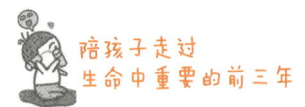

总之,就是陈述客观事实,用事件和空间的变化来取代催促,这样可以帮助孩子更具象地明白时间的概念,帮助孩子做出更有效的决策。

(2)帮助分离焦虑期的孩子分解难度,并给予"时间参照点"

如果孩子是因为刚上幼儿园,有些不适应导致的拖拉,我们应该看到孩子行为背后的焦虑。有一部分孩子会因为害怕完成不了学校的活动,担心自己做不好而抗拒去学校。慢热型的孩子可能是因为新环境的社交压力,导致不想上学。

这时候,父母可以做的是帮助孩子疏导情绪以及帮助孩子分解难度,让孩子找到做事的自信心。

父母可以和孩子的老师聊一聊,孩子是在生活自理、适应新环境,还是交朋友上有压力?找到根本的原因,再分解降低难度,会提高孩子的参与度。

比如,如果是因为害怕在学校上厕所不会提裤子,可以在家多做练习。如果是害怕和新的朋友交流,可以侧面了解在班上孩子和哪个孩子互动比较多,从单个孩子出发,平时在家多和孩子聊聊他喜欢的这个朋友,这些都可以降低孩子心理上的障碍。

当孩子减少了心理障碍,慢慢就会参与更多,行动上也会更高效,减少上学起床时的拖拉。

低龄的孩子对时间没有太多的概念,因此送孩子去幼儿园时分别前也可以给孩子具体的时间参照点,让孩子可以预知父母接园的时间,减少焦虑。

比如,我们可以和孩子说:"你午睡以后吃点点心,再玩一会儿爸爸妈妈就来接你啦!"有了具体的事件参照,孩子就会更有掌控感,降低内心的焦虑,从而做到上学更积极、不拖拉。

(3)调整作息习惯,"例行开关"可以提高孩子做事的效率

我们还应该调整孩子的作息时间,让其有一个良好的作息,晚上尽量做到带孩子提前上床睡觉。而固定一个稳定的睡前仪式是一个好办法。

比如,将卧室的灯光调暗,睡前洗个澡、看一本书,或是唱一首摇篮曲。这样的好处就是为大脑建立了一种场景感条件反射,就像一个"例行开关",告诉大脑:"我要准备睡觉啦。"当孩子保证了一定的睡眠时间,第二天起床精力比较充沛,他自然会减少磨蹭的问题。

(4)提前准备,给孩子预留时间

对于比较慢热的孩子,我们还需要照顾到他们的活动强度,尽量做到提前半小时,给孩子预留出"磨蹭"的时间。我们可以在前一天的晚上和孩子共同准备上学所需要用的物品,这样可以避免早晨的匆忙慌乱,也为一整天孩子的工作和情绪奠定良好的基调。

第二节
4个锦囊，帮助孩子培养积极解决问题的好习惯

蒙氏剪工——获得"我很能干"的专注和喜悦

剪工，顾名思义就是用剪刀来工作，这个活动适合两岁以上的孩子，我们只需要给孩子提供一把尺寸合适的小剪刀、一些漂亮的纸张，孩子就能乐此不疲地开始工作了。

这个阶段的孩子对自己喜欢做的活动总是一次又一次重复，在重复的过程中孩子会对自己的错误进行纠正，直到自己满足为止。大多时候，这种重复是为了让自己的工作更加熟练，而剪工，正是给孩子提供了一个重复练习的机会，让他们变得自主和独立。

有一部分父母担心孩子会受伤，于是杜绝孩子使用剪刀。其实只要引导得当，孩子不仅可以使用剪刀，并且还可以在过程中享受艺术创作的乐趣。

英国国家早期教育纲要就曾明确指出：22～36个月孩子的艺术和设计的表现力，可以通过使用不同的颜料、铅笔、蜡笔、纸张、胶水和儿童剪刀等媒介和材料进行探索。

当孩子专注于剪的时候，他会感觉到自己的掌控感。"掌控感"会让孩子变得更专注、充实。伴随着完成后的喜悦，

第三章
2～3岁，细养出来好性格和好习惯

孩子会因为这种良好的感受进行自我肯定。

总体来说，剪纸可以通过难度系数分为四种。

1. 四种循序渐进的剪工方法

（1）一刀剪、两刀剪和三刀剪

①一刀剪：提供长度14厘米，宽度1厘米左右的纸条，每隔1厘米画一条水平线，适合孩子剪一刀。

②两刀剪：提供长度14厘米，宽度2厘米左右的纸条，每隔1厘米画一条水平线，适合孩子剪两刀。

③三刀剪：提供长度14厘米，宽度3厘米左右的纸条，每隔1厘米画一条水平线，适合孩子剪三刀。

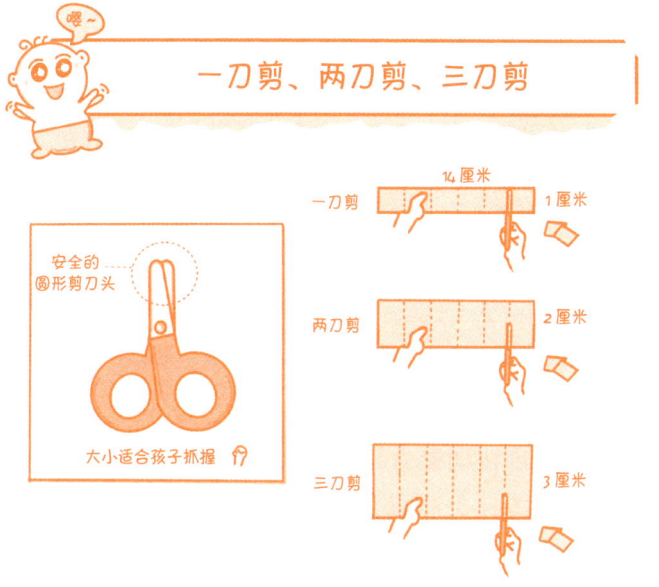

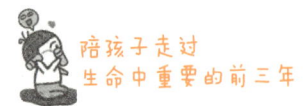

纸条的宽度不同，孩子剪的时候需要测量剪刀剪下去的距离，这会帮助孩子通过经验判断距离和尺寸。我们可以给孩子提供一个容器，来装孩子剪下来的小纸片。

（2）连续剪直线

随着孩子"一刀剪"到"三刀剪"都可以较好掌握了，我们可以在纸条上画出长长的直线，加大难度让孩子来挑战。最初可以在纸条上只画一条直线，然后循序渐进地画出两条直线。连续剪，需要孩子的身体保持协调和稳定，对孩子的专注力也提出了更高的要求。

（3）剪折线

慢慢地，我们可以给孩子提供更多线条的剪纸体验。比如弧线、斜线、V字线条，可以锻炼孩子手腕的灵活度。

（4）连续剪圆圈和方形

孩子的手部协调能力越来越好了，也有一定使用剪刀的技巧了，就可以连续剪圆圈和方形。孩子剪的时候需要转动纸张方向，可以给他们提供更多有趣的体验。

2. 使用儿童剪刀的小贴士

在孩子使用剪刀时，有以下几点注意事项。

（1）安全性：提供圆头剪刀和必要的示范

安全是所有活动的基础，我们给孩子提供的剪刀，与我们日常使用的成人剪刀是有区别的。理想的儿童剪刀尺寸较小，可以让孩子的大拇指和食指、中指刚好放入剪刀的把手。剪刀头必须是圆形的，避免孩子被尖锐的刀头刺伤。

同时，我们需要给孩子提供必要的示范，让他们看到如何正确地使用剪刀。

> **给孩子示范如何安全地使用剪刀**
> ①使用剪刀：一只手固定纸张，另一只手握剪刀，将

剪刀头始终朝外。剪刀不使用的时候,必须盖上剪刀盖,放在固定的地方。

②拿着剪刀行走:合拢剪刀,将剪刀头用双手握在手心后,再行走。

③把剪刀递给别人:合拢剪刀,将剪刀头用双手握在手心,把剪刀柄递给他人。

(2)功能性:可以锋利地剪下纸片,这不是"玩具"剪刀

我们给孩子提供的剪刀是有功能性的,这就意味着这是一把真正意义上可以使用的剪刀,而不是玩具剪刀。

孩子能否专注地工作,要取决于孩子是否有一个良好的环境刺激他进行自主学习。如果孩子拿到的是一把很钝的、剪不了东西的剪刀,那么孩子很难有专注力进行自主活动。因此剪刀一定要在安全的前提下做到足够锋利,孩子才会专心致志地使用。

在孩子刚开始使用剪刀时,剪的东西不能太硬,最好在父母的视线范围之内使用剪刀。我们要观察孩子手部的控制能力,给孩子选择难度适中的剪纸方法。

我们可以教孩子做一些简单的手工,让他在动手的基础上更有成就感。孩子也可以把使用剪刀的技能用在自己的日常生活中,比如使用剪刀打开快递。你会发现孩子会很积极做这些事情,他会感觉自己是一个能干的人。

孩子的刺工和缝纫——培养动手解决问题的能力

我们鼓励孩子动手做力所能及的事情，而刺工和缝纫能培养孩子动手做事的能力。

1. 刺工，缝纫技巧的准备

最开始的时候，我们给孩子提供一个软木垫、粗且钝的刺针笔。我们在小纸片上画上黑色的圆点标记，将纸片放在软木垫上就可以让孩子用刺针笔点刺了。

我们要选择方便孩子抓握的刺针笔，尺寸要合适，针头具有一定的功能性又不至于刺伤孩子的小手。最初，我们可以在小卡纸上提供简单的点，如把点分布在一条横线、竖线或斜线上。然后我们可以慢慢地加入简单的几何图形，如把点分布在一个圆形、三角形或正方形上。最后是比较复杂的图形，如把点分布在爱心形状、星星形状上。

当孩子操作刺工的能力比较好了，我们就可以给孩子介绍缝纫的工作。

扫码关注【玫瑶老师】，回复关键词"前三年"，领取刺工的电子版资源。

2. 缝纫

我们会用到针插、针、剪刀和线,使用一个小垫子可以让孩子更好地将针线等物品集中在上面工作。同样地,我们还是使用粗且钝的针,不会尖,避免刺伤孩子,可以让孩子更好地抓握。准备一些事先已经刺好的、有小洞洞的卡纸。洞口大小要合适,以针刚好可以穿入为准。

下面这个简单的步骤可以帮助你更好地向孩子示范如何使用缝纫。

①将垫子打开,铺在桌子上,向孩子介绍缝纫的工作垫和缝纫盒。

②取两张卡纸,放在工作垫上,取出缝纫盒里的针插、针、剪刀、线放在垫子上。

③请孩子选一根线,爸爸妈妈也选一根线。

④将针插在针插上,取一根线慢慢对准针眼,把线穿进针眼里。当线穿进去一截时,可以邀请孩子帮忙把线向外拉,使线的尾部合并在一起。

⑤在线的尾端打一个结(可以由父母做)。

⑥介绍针缝卡纸,"这是卡纸",带孩子观察,"上面有些洞,我们把针穿进洞里",右手拿针,对准最左边的洞,把针穿进去。针穿进卡纸进去一半的时候,捏着卡纸,缓缓将卡纸向前向后翻一个面,停顿一下,提示孩子:"穿过去了!"握住针,往外把线拉出。

⑦重复几次后,在针插进一半的时候可以邀请孩子把针拉出来。重复至所有的洞都被缝完。"我们都穿完了,没有洞了",观察一下卡纸。

⑧示范剪的动作。把针垂直插在针插上。用剪刀剪去多余的线。

⑨欣赏缝纫作品,把多余的线取出来,将余线放在一边。

⑩做完示范后,可以邀请孩子来做缝纫的工作。当孩子全部做完后,最后收拾所有的物品归位。

3. 小贴士

给孩子缝纫的难度应该是循序渐进的。比如,我们先给孩子直线图案,然后才是斜线和其他不同形状的图案进行缝纫。直线从5个孔开始,之后孔的数量可以逐渐增加。当孩子缝直线和斜线缝得比较好时,我们再提供其他图案,如圆形、扇形等。

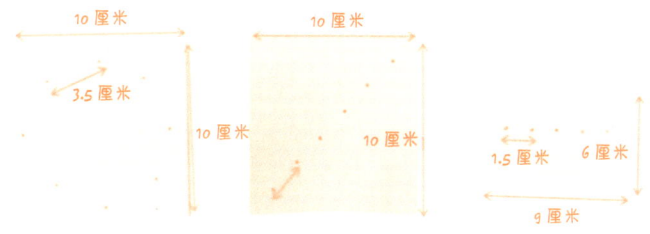

缝纫的小纸片

缝纫,是一个实用的技巧,正是因为针线的真实性,使得孩子十分喜爱这份工作。在缝纫的过程中,孩子不仅提高了专注力,还学习了如何解决日常生活中将会面对的困难。以后,他也会将这些技巧运用到自己的生活中,成为可以照顾自己和照顾他人的人。

打造蒙氏家庭环境——成为懂得照顾自己的人

> 劳动是万物的基础,劳动者是支柱,他支撑着文明与进步的结构和它那辉煌的穹隆。
> ——莫格索尔

许多大人觉得做家务是脏活、累活。但对孩子来说,做家务是一件有趣的事情。他们会自发地、兴致盎然地去做,他们是劳动热爱者。6岁前,孩子处于动作的敏感期,对自己可以动手做事,会有一种重复的内在驱动。

孩子做的每一个动作都是其大脑已经做过缜密思考的结果。允许孩子多动手,就等于我们再一次地肯定孩子独立思考的过程。那么在家庭里,有哪些家务是适合孩子做的呢?

1. 家庭环境准备小清单

我们要孩子做家务,实际上是为了帮助孩子可以更好地照顾自己,以及学习照顾身边的人。作为父母,如果我们能创造一个良好的环境,就可以辅助孩子更容易做到此事。

以下是家庭环境准备的小清单。

家庭场景	环境准备
客厅门口	· 提供与孩子身高匹配的挂钩，方便孩子取放进出用的衣帽 · 空出较矮的一层鞋柜，方便孩子取放鞋子 · 提供小矮凳，孩子可以坐在上面换鞋 · 放置一块小的全身镜，用小篮子装上梳子等整理仪容仪表的小物品。如有空间，也可根据家庭情况调整放在其他位置
盥洗台	· 提供一个稳固的踩脚凳，孩子可以自由地上下 · 水龙头延长器，方便孩子更好地洗到手 · 与孩子身高匹配的挂钩，上面挂上擦手布 · 孩子自己能够得着的牙刷、牙膏和牙刷杯 · 一面挂在墙上的小镜子，孩子可以整理仪容仪表
阳台	· 种植一些安全、无毒、无刺的植物，放置在孩子可以拿到的高度 · 一个小架子，上面放置迷你尺寸的浇水壶、小块的海绵，孩子可以用它们给植物浇水和擦拭大片植物的叶子 · 如果有桌面水池，可提供一个小的搓衣板，孩子可以在上面洗布，也可以设置在盥洗台
洗手间	· 一个小架子，上面放置孩子可以自己取放的洗澡玩具、沐浴露等用品 · 如果厕所干湿分离，可以在干的区域设置小马桶，小马桶的周边放置一个小篮子，装上纸巾、保湿霜、训练裤等如厕用品 · 大孩子可以配合儿童坐便器使用成人马桶，如果成人马桶比较高，在下面提供稳固的踩脚凳 · 洗手的地方参考盥洗台设置

续表

家庭场景	环境准备
厨房	·提供一个稳固的踩脚凳，让孩子可以参与一些力所能及的厨房工作。如择菜、清洗，使用小案板用安全刀具切土豆、胡萝卜等。根据孩子能力可以大人先切条，然后鼓励孩子切丁 ·一个小架子，放孩子使用的厨房工具 ·如有空间，可直接放置一个一平方米、与孩子身高匹配的小桌子，孩子可直接在上面操作 ·一个与孩子身高匹配的小挂钩，挂上吸水的小围裙
餐厅	·孩子可以自由上下的餐椅，通常有两层小阶梯，孩子和成人一起坐在餐桌上用餐
客厅	·一个喝水的小台子，上面放上孩子尺寸的小水壶和小杯子，孩子可以自己倒水喝 ·一排与孩子身高匹配的小挂钩，挂上小扫帚、小拖把、擦拭桌面的除尘布

2. 三个原则，让孩子从家务中学习独立，获得自信

环境准备好了，我们的引导和态度也会影响孩子做事情的热情。总体来说，我们只要把握三个原则，孩子就可以轻松从动手中学习独立，获得自信。

（1）给予必要的示范后放手让孩子尝试

我们需要给予孩子必要的示范，并让孩子努力尝试。如果我们能静下心来观察孩子，孩子会告诉我们：什么时候他们需

要我们的帮助,什么时候则不需要。

(2)给予孩子重复练习的时间

当我们给孩子示范了一份新的工作,比如如何"择菜"时,我们需要给予孩子时间进行练习。刚开始,孩子择的菜有些长、有些短,甚至有些被撕成了碎片。但是随着重复练习,孩子会判断用多大的力气去择菜,以及怎样择菜能够做得像我们一样好。

(3)根据孩子的能力,动态调整环境

在观察的基础上,孩子会告诉我们环境应该如何调整。如果能围绕着孩子可以自己做事情这个核心观点,我们就会知道如何布置家庭环境,才能帮助孩子的生理和心理得到全面发展。

许多孩子在1岁多的时候,会对我们使用的饮水机很感兴趣,好几次都想按上面的开关,像我们一样取水喝。当我们因为安全的原因制止孩子时,许多孩子都会号啕大哭。

但当我们给孩子提供一个小尺寸的工具,如小水壶、小茶具、装有温度合适水的保温瓶,孩子就可以自己倒水喝,甚至自己冲泡花茶。冲突停止了,取而代之的就是孩子乐在其中的不停练习。

当孩子专心致志,一只手握茶壶把手,另外一只手按住茶壶盖,小心翼翼倒茶时,你会看到一个独立、自信又快乐的孩子。

一张"和平桌"——不再"被欺负"和"欺负别人"

避免战争是政治家的工作,而保持和平,是父母和教育者的工作。

——玛利亚·蒙台梭利

如果我们与他人产生了误解、冲突、矛盾,我们有许多积极解决的方法。比如和对方坐下来,开诚布公地聊一聊。为了缓解冲突,我们可能还会请对方吃顿饭或者写一封信、送一束花等,这些都是表达歉意很好的方式。但这些方式,年幼的孩子很难做到。

教孩子用合适的方式解决生活中的冲突,不仅可以让孩子习得与他人社交的技巧,更是把和平的种子播撒在孩子的心间。

这就是说,当我们能在孩子年幼时,就让孩子明白"和为贵",并且教其用平和的方式解决冲突,孩子以后就可以成为一个不用暴力解决问题,并且热爱和平的人。

那么如何将"和平之花"带给年幼的孩子呢?我想和大家介绍"和平桌",我们也可以称之为"和平角""和平区域"。

和平桌是和平教育的一种重要运用方式,它可以被运用到学校环境里,同时也可以运用到多子女的家庭,甚至独生子女家庭里。在给孩子使用和平桌之前,我们可以和孩子介

绍和平桌以及和平桌的规则。

轮流拿一个和平食物并说话

1. 什么是和平桌？三个元素轻松解决冲突

和平桌是一个特殊的地方，当我们和别人发生矛盾时，可以邀请他们来到这个地方，坐下来聊一聊。

一张和平桌，一般有三个要素。

① 一张和平桌（或相对安静、舒适的区域）。

② 一个和平信物（如花朵、鸽子玩偶）。

③ 一个庆祝的仪式。

如果家里有空间，可以摆上一张适合孩子身高的桌子和两把小椅子,但这并不是必需品,它也可以是家里的一扇飘窗,或者一个榻榻米等相对安静、舒适的区域。这个区域可以让孩子舒服地坐下来。桌面或飘窗上放置一株植物,可以让我们感觉温馨、舒适,来到这里,心情容易平静下来。

我们在这里准备一个象征和平的物品。如果是玫瑰花,我们可以称为"和平花",如果是一个鸽子玩偶,那就是"和平鸽"。

拿到这个和平信物的人,就是他的时间,他可以说说刚才发生的事情、他的感受及想法。没有拿到和平信物的人,是不可以插话打断的,我们要学习倾听。

和平信物的意义在于,它代表每个人都有表达自己的权力,而相对应地,我们还要学习倾听和等待。父母和孩子都会轮流拿和平信物,如此我们会更容易学习倾听,因为我们知道很快会轮到我们,大家都有"看得见"的机会去说话。

互相说说大家的需求是什么,有什么办法可以同时顾及彼此的需求。列出来,最后大家协商一致。

当我们每次和孩子通过这样的沟通方式达成了一致的意见,或者孩子们之间解决了问题,我们就要用一个仪式来庆祝。

这个仪式可以是摇铃,也可以是一个深深的拥抱、一次有力的握手、一个充满爱的吻等。无论是何种方式,都是对孩子的一种正向鼓励，传递我们对和平的期望。这样的庆祝可以做正面强化，为孩子下一次的成功带来一种期待，同时也有利于孩子形成一种正向的、积极解决问题的思维。

2. 解决冲突，和平桌的使用步骤

①邀请孩子来到和平桌。
②轮流拿起和平信物，说出自己的感受，并倾听对方。
③找出共同的需求，列出解决问题的方法。
④从中选择一个大家都满意的方案（双赢）。
⑤庆祝仪式。

在用和平桌解决问题的过程中，父母的角色出现了很大的改变。传统意义上来讲，父母是一个"裁判"，判断谁对谁错。然而我们会发现，这样的方式其实并不能很好地解决问题，大家会互相不理解对方，变成权利拉锯战。

如果是在多子女的家庭，和平桌上的教育，父母会转变为一个"协助者"，引导发生冲突的孩子们各自说说发生了什么、有什么样的感受、为什么有这样的感受。

当我们以一个冷静的观察者和协助者出现在孩子的面前时，我们会发现很多我们原来不知道的细节只是冲突表现出来的一部分，而没有看到的部分可能正是孩子发生冲突的动机，而这些恰恰正是最重要的，因为看不到也是最容易被我们忽略的。

当然，有些时候孩子之间的矛盾可能并不一定会有双方都同意的实实在在的解决方案。或许他们谁都不想"让"谁，这非常正常。

我们需要注意的是，过程永远比结果更加重要。很多时候，矛盾的点在于互相不理解，感觉自己没有被倾听。当自己不被别人理解的时候，通常我们也只会站在自己的角度上，无法做到理解他人。

在孩子成长的过程中，他们会逐渐了解自己无法改变他人，但是让别人理解自己的感受，是很重要的一件事情。

每个人都有权利进行勇敢的表达，而这种能力是我们在孩子很小的时候，就可以通过和平桌带给孩子的思维。等孩子逐渐长大了，他便不需要和平桌这样的仪式，因为他已经习得一种可以解决问题、处理冲突矛盾的方法，他能做到用积极的方式迎接困难和矛盾，走向更广阔的人生。

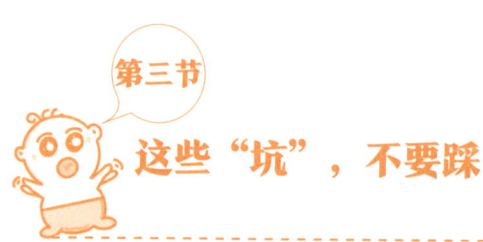

第三节 这些"坑",不要踩

"虎妈猫爸"还是"严父慈母"?合唱"红白脸"不能教育好孩子

在育儿的过程中,我们经常会看到这样的场景:孩子在玩具店里撒泼打滚,一定要买新玩具。家里的玩具已经数不胜数,妈妈坚持立场不妥协,拒绝购买。而爸爸看到孩子可怜兮兮的样子,赶紧充当起了"和事佬","不就是一个玩具吗,宝宝不哭,爸爸给你买"。

爸爸要求孩子写完作业再玩,而妈妈心疼孩子,"学了这么久了,休息一会儿,晚点写没关系"。

1. 有界限的自由,需要"先严后宽"?

有一部分家长担心,如果家庭环境氛围和管教方式太过自由民主,孩子长大后会变得无法无天、无法管教。尤其在孩子进入叛逆期时,如果家里没有一个可以震慑住孩子,给他立规矩的人,以后可能会麻烦多多。给予孩子有界限的自由，先严后宽，要比以后孩子长大了再来严格要求孩子要容易得多。

其实父母双方"一人唱白脸，一人唱红脸"的管教方式，在管教孩子方面短期会看到立竿见影的效果，但是从长期来说，可能隐藏着许多潜在的危害。

（1）不利于孩子真正了解规则和边界，失去自身的判断力

合唱"红白脸"，容易让孩子在严厉的"白脸"面前主动安分守己、遵守规则，甚至主动讨好，而在比较宽松慈爱的"红脸"面前，容易放纵自己。孩子的内心并不真正了解规则和边界，他的行为只是根据"红白脸"不同的反应做出调整而已。长此以往，孩子容易变得失去自身判断的能力，变得见风使舵，甚至出现心口不一、撒谎等不良现象。

（2）造成亲子关系紧张，"红脸"的爱弥补不了"白脸"的伤害

孩子会尊敬严厉的"白脸"，其实更多是出于害怕和畏惧。

"你再哭我就不管你了。"（剥夺安全感）

"你再这样无理取闹，我就要揍你了。"（身体威胁）

"不能遵守规则，我们下次就不能再去游乐园、买新玩具、看电视。"（物质威胁）

时间久了，孩子和严厉的"白脸"家长之间容易产生距离感。孩子遇到问题也不敢主动和家长说，心里有话也不敢坦言。

合唱红白脸的管教方式，无异于胡萝卜加大棒，我们不

会感激"胡萝卜"的甘甜美味,长久下来,更容易产生对"大棒"的恐惧和憎恨。"红脸"的温柔和爱,难以弥补严厉的苛责带来的内心伤害。

(3)不利于孩子安全感的建立,引起行为混乱

孩子的安全感来自稳定的秩序,外在的秩序感会给孩子带来可控的感觉,让他觉得这个世界是安全的、美好的。

如果孩子面对大人截然不同,甚至是互相对立的管教态度的时候,他并不知道统一的规则和一致的秩序是什么,他需要花费更多的时间和精力去试探,怎么样做才是可以的。

一张桌子,孩子在管教宽松的妈妈面前可以爬上去,而在管教严厉的爸爸面前则明令禁止甚至会受到处罚。还有一部分摇摆不定的父母,在自己心情好的时候,允许孩子爬桌子,而在自己心情不好的时候则严厉呵责。

那么孩子就会很困惑:爬桌子到底是否可以呢?孩子需要一次一次地试探,这会让孩子内心变得混乱,不利于内在安全感的建立,且会带来许多混乱的行为问题。

那么,父母双方应该如何配合,才能更高效地管教孩子呢?

2.AOE 原则,避免意见分歧,父母管教更轻松

父母双方在不同的原生家庭环境中长大,有不同的价值观和管教孩子的方式。运用 AOE 原则,可以避免父母的意见分歧,帮助父母之间的管教更和谐、更有效。

AOE 原则具体指的是：避免对立、明确规则（Avoid conflict）；突发情况、一方为主（Opinion leader）；合理分工、互相尊重（Explicit division）。

（1）避免对立、明确规则

无论父母之间的意见如何不统一，都应该避免在孩子面前发生对立，甚至争吵的局面。比较理想的状态是能做到家人之间互相商讨，明确制定统一的规则。

比如，孩子吃零食这件事，可以通过家庭会议讨论，决定吃零食的规则和频率。吃零食这件事需要家里所有大人的

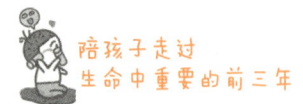

配合,还需要孩子自己遵守约定,最好家里所有人都参加。大家说说自己认为比较合适的吃零食的量,最后推选出大家都认可的方案。比如,零食只能在饭后吃,吃的量大概是多少等。

在规则制定后,所有人就需要严格贯彻执行,大人也需要以身作则,避免孩子不必要的行为试探和冲突拉锯。

(2)突发情况、一方为主

当然,我们无法做到孩子所有的事情都提前做好商量,在育儿的过程中,许多冲突是在意料之外的。这种情况下,比较和谐、简便的办法就是以"一方为主"。

平时父母双方之间,谁的逻辑比较清晰,行为更果断,且原则性更强。谁不会因为孩子的软磨硬泡,或者一哭二闹就随意妥协。那么这个人,就比较适合来当家里突发事件的"意见领袖"。

每个家庭的情况不一样,但是如果我们能确定下来这个"意见领袖",在突发状况发生的时候就可以减少很多矛盾,也能让孩子对规则有更明确的边界。

> **小案例**
>
> 有一年万圣节,3岁的女儿收到了物业管理员的两颗糖果,孩子很喜欢,马上想打开来吃。我有点犹豫,孩子2岁前从没吃过糖果,在这个特殊的节日,是不是可以破

例吃一颗，大家一起高兴一下？但是孩子的爸爸原则性比较强，他认为不应该给孩子吃糖。

孩子开始哭闹，于是我说："我看出来你很想吃这颗糖，你可以问问爸爸，如果爸爸说可以吃，那么你就吃吧。妈妈和爸爸的意见是一样的。"爸爸接过来说："陌生人给的糖不能吃，况且这个糖包装纸上面也没有写生产日期，我们回家喝酸奶吧！"

我发现当我表明了和孩子爸爸一样的意见后，孩子的哭闹声变小了，她同意了爸爸的意见，并且马上说要回家去。

孩子想吃糖，只是一件很小的事，然而育儿过程中出现的问题多半就是这些生活小事组成。孩子看到这些小事里父母之间统一意见，其中一人用果断、简练的语言告诉孩子规则，孩子就不会做过多的哭闹与试探，而是把精力放在做其他更有意义的事情上。

中国有一句老话叫"家和万事兴"，还是很有道理的。大人们意见统一了，孩子就减少了和我们不必要的拉锯战，我们育儿也会变得更加轻松有效。

紧急事件解决之后，我们可以和孩子开一个小的家庭会议。比如大家觉得孩子多大可以吃糖？什么样的情况下可以吃糖？孩子可以提需求，家庭成员间可以表达各自的想法，最终商量一个大家都认可的方案。

（3）合理分工、互相尊重

在平时的家庭育儿过程中，我们还要做到合理分工、互相尊重。比如孩子的辅食问题，主要是由妈妈负责，那么家里的其他成员就多多配合妈妈的工作，在吃饭问题上以妈妈的意见为主。

又比如平时爸爸上班比较忙，那么当孩子去外面郊游、玩耍的时候，主要由爸爸陪伴，那么这时候去哪里玩、怎么玩可以由爸爸和孩子共同决定，而其他的家庭成员尽量少给意见，一来可以充分发挥父亲角色的能动性，二来也能做到彼此尊重、减少冲突。

在育儿的路上，父母双方很难做到意见完全一致，但是我们应该尽量避免在孩子面前呈现出对立的"红白脸"。孩子是一个有能力的人，只要我们给予他们一定明确的规则、多让孩子体验、探索，他们完全可以做到心中有自由、行为上有规范。事实上，孩子特别喜欢规律、有秩序的生活，一致、和谐的家庭氛围不仅能减少孩子与我们的冲突，他们还会成为一个内心平静而喜悦的人。

第三章
2～3岁，细养出来好性格和好习惯

不爱打招呼不是没礼貌，逼孩子打招呼才是害了他

> **小观察**
> 两岁半的球球，特别抗拒和别人打招呼。尤其是不熟悉的人，如果对方太热情还会躲起来。妈妈让球球打招呼，他就抱妈妈大腿。大人要是再接着说两句，球球就开始哭。妈妈很困惑，让孩子打招呼，怎么那么难呢？自己也觉得很尴尬，感觉孩子很没礼貌。

1. 孩子为什么不爱打招呼？

大人打招呼的目的是让别人觉得自己友善，但对于低龄的孩子来说就比较难有这样的思考。

儿童心理学家让·皮亚杰曾做过十分著名的三山实验，提出幼儿在思维方面存在着"自我中心"的特点。

> **皮亚杰的三山实验**
> 桌面上有三座山，颜色和顶部都不同。第一座山上有红色的十字架，第二座山上有一间小房子，第三座山有积雪。处于2～7岁前预算阶段的儿童是自我中心的，他们不能说出从玩具娃娃那个角度看到的离玩具娃娃最近的那座山，而认为离自己最近的山就是离玩具娃娃最近的山。

皮亚杰的三山实验，实验材料是一个包括三座高低、大

小和颜色不同的假山模型。第一座山上有红色的十字架,第二座山上有一间小房子,第三座山有积雪。然后,儿童面对模型而坐,并且放一个玩具娃娃在山的另一边,要求儿童指出哪一个是玩具娃娃看到的离自己最近的山。实验结果是,他们不能说出从玩具娃娃那个角度看到的离玩具娃娃最近的那座山,而认为离自己最近的山就是离玩具娃娃最近的山。

幼儿倾向从自己的立场和观点去认识事物,而不能从客观的、他人的立场和观点去认识事物。

因此,低年龄段的孩子对于"打招呼"这件事情没有我们成人那样考虑到友好、不让熟悉的人尴尬等想法。

对于他们来说,要不要"打招呼"只是从自我出发考虑,也就是"这事情对我来说有没意义"。

2. 强迫会让孩子变得焦虑,产生对打招呼的逆反心理

强迫孩子打招呼,容易让孩子的心理产生焦虑和反抗。"我并不想打招呼,但是爸爸妈妈说打招呼才有礼貌,才是一个好孩子。"

如果你细心观察每一个被强迫打招呼的孩子,他们的行为是退缩的,内心是纠结的。

他们很想达到成人的期望,但是在内心又有一个声音在拉着他们:"不,你并不想这么做。"这种纠结,会让孩子产生巨大的内耗,气质类型比较安静的孩子,容易陷入一种焦虑和压力之中。

而对自我意识比较强的孩子来说，则会产生直接说"不"的强烈行为。无论是哪一种，都不利于孩子身心的健康成长。

我曾经看过一个孩子，被爷爷催促着向别人打招呼："见到人要打招呼啊！快喊阿姨好！"孩子已经比较大了，心里不愿意叫，但是迫于爷爷的"碎碎念"，只能不情愿地白着眼，快速说了一句："阿姨好！"

这样的问好，真的让人"感觉好"吗？恐怕只会让人不舒服。

为什么？因为心里是不情愿的，问好不是发自内心的感受。而当身体和内心的愿望是对抗的时候，这种生命的力量是扭曲的，也无法体现礼仪背后真正的尊重。

礼仪，并不仅仅是学会说"你好""谢谢""对不起"，而是要学习如何真实且真诚地表达自己。

3. 礼仪的三阶段示范法，教会孩子什么是爱和尊重

让孩子懂礼貌、有礼仪，可以通过这三个维度进行示范和指导。

（1）让孩子理解不同的场景和文化有不同的礼仪

每一种文化都有属于自己的礼仪，同一个行为，有一些文化认为是有礼貌的，而有一些文化则认为是一种冒犯。比如在中国，握手是大家问好的礼仪，而在法国，人们用亲吻

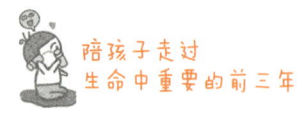

的方式来问候。

礼仪,要符合当下的文化和情况。如果在中国,我们通过亲吻的方式去和陌生人问好,那就是一种不合时宜的冒犯。

但对孩子来说,他们并不理解这一点,他们需要大量的经验和场景才能习得怎样的方式才是适合的。

比如餐桌的礼仪。在中国,我们吃饭的时候,是左手拿着碗,右手拿筷子,如果拿着筷子对别人指指点点,这是一个不礼貌的行为。而在英国吃饭,如果拿起餐具,离开桌面靠近嘴巴,则会被认为是一种不礼貌的行为。

我们还要关注孩子的行为,关注他们在哪一些场景的行为,需要我们做关于礼仪方面的引导和帮助。

比如,当孩子打喷嚏的时候,他直接对着食物和别人的脸上打喷嚏。与其在当下责骂孩子,不如找一个合适的机会,和孩子介绍打喷嚏的礼仪。向孩子示范遇到想打喷嚏的时候,我们应该如何做才能又卫生又有礼貌。

(2)"一看、二说、三表现"帮助孩子融入社交氛围

每个孩子在进入社交场景时,都会有不同的表现方式,而作为成人,我们可以采用"一看、二说、三表现"帮助孩子融入社交氛围。

"一看",观察孩子的表情动作

很多慢热型的孩子刚进入社交场景时经常会紧张、躲闪、低头不语,这时候我们就应该仔细观察孩子的表情和动作,看看孩子是因为什么而紧张。

例如，孩子因为某个大人太过热情、亲昵，所以有所畏惧，那么作为成人我们就可以多给孩子描述这个人有趣的方面，让孩子主动发现这个人的特点，消除孩子的恐惧。

"二说"，帮助孩子把心里的想法说出来

如果孩子因为对方靠近而躲闪时，我们就可以说"这个阿姨很喜欢你，不过你是不是还没习惯，需要时间习惯一下"，帮助孩子释放内心的情绪，同时也帮孩子缓和尴尬的气氛，争取社交的主动权。

"三表现"，用自己的社交表现来给孩子做演示

比如我们可以带着孩子，演示我们是如何和不同的人打招呼的。对待熟悉的朋友、对待电梯里的陌生人、对待邻居，我们打招呼的方式和强度是不一样的。如此，孩子就有了参照的模板。

（3）场景复原和重演

我们还可以通过角色扮演，让孩子感受具体的场景，如何更好展现优雅和礼仪。

比如，在孩子生日会前和孩子玩一个"收礼物"的角色扮演游戏。我们可以准备一个包装好的盒子当作礼物，和孩子说："请你把这个礼物送给我吧！"

我们也可以做一次示范，让孩子看看怎样接受别人的礼物。当孩子把礼物递到我们的手上时，我们和他四目相对，

说:"谢谢你送给我的礼物!"

我们还可以给孩子示范,怎样处理收到的礼物。比如我们会将礼物轻轻放在一个地方,然后决定是否要打开它。通过这样的场景示范,让孩子理解怎样的做法是有礼貌的。这样孩子就不会说出"这个礼物我不喜欢",或者用一些不合适的方式处理礼物,以避免他做出不礼貌的行为。

当然,孩子6岁之前学习的礼仪,绝大多数是通过父母去学习的。我们可以不直接教,而是尽量通过我们的动作和言行举止去呈现优雅和礼仪。为了做好孩子的榜样,我们要时常反省自己的行为举止,要知道自己的优势和不足。

我们的所思所想、一言一行都会在孩子身上有所反射,很多时候孩子哪怕没有在观察我们,也在学习和吸收我们的行为。我们想让孩子成为热情开朗,能够落落大方与其他人打招呼的人,那么我们自己是否可以首先做到呢?

没有人会告诉你,你家的孩子不懂礼貌,因为这样也是一件极不礼貌的事。礼貌是一件简单的事,同时又是一件很复杂的事。

我们并不需要要求或者催促孩子去遵守礼仪规范,而是应该把重点放在如何让孩子生活在一个充满礼貌和充满爱的环境里。

心里想鼓励孩子，说出口的却是批评

注意你说过的话，因为神圣的事情始于舌尖。你的言语造就了你周遭的世界。

——纳瓦霍人谚语

> **小观察**
>
> "你这个小孩就是调皮，怎么说就是不听话！"奶奶扯着嗓子气呼呼地说。
>
> 原来是昊昊洗完澡爬到床上蹦跶去了。奶奶让孩子下来，喊了几次后孩子仍然"一意孤行"，继续在上面跳得欢。
>
> "快来穿衣服，再不穿，我要生气了！你到时候感冒咳嗽了，就别想吃冰激凌了！"奶奶怒吼道。
>
> 孩子听到不能吃自己最喜欢的零食，一下子就急哭了："凭什么？我就要！"

其实昊昊的奶奶只是担心孩子生病感冒，但是话到嘴边，却变了味。在育儿的过程中，这样的情况屡见不鲜。很多父母也知道要多多表扬、鼓励孩子，但是"孩子很调皮，我找不到该表扬的点呀"。

1. "非注意盲视",影响我们对孩子的看法

曾经有人做了一个"看不见的黑猩猩"实验,实验者观看视频里两支由三人组成的团队相互传球,一队人员穿白衣,另一队穿黑衣,而实验者被要求记录白衣团队传球次数。在游戏进行到一半时,一个装扮成大猩猩的人出现在了镜头里拍打胸脯,停留了整整 9 秒钟,然后走出了画面。

让人意想不到的是,视频播完后,实验者们都能准确报出白衣球队的传球次数。大猩猩不仅没有对实验者们造成干扰,甚至还有 50% 的人根本没注意到视频中曾出现过这一只活灵活现的大猩猩。

心理学家把这种现象称为"非注意盲视",它的出现是因为人们主动,即有选择性地把注意力放在了某一件事情上而忽视了其余所有的事情。

当我们看到孩子在蹦跳时,我们就表现出了选择性注意:对孩子活动的需求视而不见,只关注孩子蹦跳、调皮捣蛋。选择性注意是我们的大脑过滤输入信息、避免信息过载的一种方法,但代价是忽略了其他方面。

我们的大脑很容易先看到负面的信息,而不是正面的信息。比如,一个孩子的学习成绩是:语文 90 分,英语 98 分,政治 90 分,数学 68 分,历史 88 分,地理 89 分。那么父母往往最先关注的是"为什么数学只有 68 分?为什么你考那么低"。相对于正面的信息,我们的大脑容易先看到负面的偏见，导致偏颇的理解。

当然，这并不是说我们要只看到优势，不去看不足，而是我们需要还原现实，真实看到孩子的全部。每个人都既有优势，也有劣势。但优势往往被匆匆略过，以致我们没能好好利用它去获得更大的成功。

2. "心口不一"的批判性话语，会塑造错误的自我认知

对于低龄的孩子来说，他们就像一块软蜡，仍未成型。他们是通过父母对待他的方式和评价逐渐形成自我认知的。当一个孩子被父母贴上"标签"时，他就会做出自我印象管理，使自己的行为与所贴的"标签"内容相一致。

比如，我们和孩子说："你这孩子太懒了，自己的衣服也不收拾。"久而久之，我们给孩子贴的这些"标签"，都会回到孩子身上，孩子甚至会这样和我们顶嘴："我就是懒，就是做不好事情，不都是你们说的吗？"负面标签慢慢深入孩子的骨和肉，孩子变得不再积极主动。

3. 关键的"AOA法则"，助力孩子正向成长

关注孩子的优势和正面行为，其实是一种非常实用的教养方法。如果我们能看见孩子的优点，可以更好地将孩子引导到正确的行为上来，我们更容易和孩子形成良好的亲子关系，育儿也会更轻松。

我推荐用"AOA法则"打开看待孩子的"优势开关"。

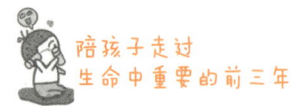

想要改变自己的消极认知机制,我们需要先自己意识到我们头脑里消极机制的存在。

"AOA法则"具体指的是:注意自己的感受;想象自己看到了"优势开关";关注孩子的优势。

(1)注意自己的感受

当事件发生时,别急着给予孩子猛烈的反应。我们可以通过深呼吸,关注自己的感受。在深呼吸后描述所看到的客观事实是一个非常有效的方法。

在描述客观问题的时候,不仅可以帮助我们关注自己的状态,还可以帮助孩子了解现状,让孩子自己做出更理智的选择。比如,我们可以用"我看到"句式。

①我看到地上都是米饭,收拾起来一定需要很多时间!
②我的天呀!我看到你穿着棉袄,都出汗了。
③我看到你在挠头皮,你已经有两天没洗头了。
④我看到地板上散落着乐高,我没有办法走过去了。

这样的客观描述,避免给孩子"贴标签",同时还能向孩子表达我们更真实的感受。

(2)想象自己看到了"优势开关"

每次我们想给孩子"贴标签"或者批评孩子的时候,我们可以在脑海中想象一个开关。这个开关可以打开和关上,只要拨动它,就关掉负面思考的灯,打开正面思考的灯。

比如,孩子喜欢把积木搭很高,又猛地一下推倒,孩子如此重复了一次又一次。有些父母心里会想:我的孩子是有"暴力倾向"吗？当我们有这样的想法时，我们可以马上想象我们头脑里有一个"优势开关"，让我们把开关打开吧！

"孩子一遍一遍地推倒积木，是不是代表着孩子专注力强？"

"积木要搭得很高才能被推倒，是不是也代表着孩子的意志力和耐心也非常不错？"

"积木要怎么搭，才不会从一开始就自己倒下，是不是也需要一定的逻辑思维能力和动手能力？"

当我们把头脑里的"优势开关"打开时，你会发现你看到的孩子是如此不同。意之所在，能量随来。通过这个"优势开关"，我们可以看到孩子擅长做的事情，我们可以看到孩子身上的优点。

就像一个园丁照顾植物，植物长得不好，我们不会去责怪植物。一个优秀的园丁，会思考是否需要给植物多施点肥？还是多一些水，少一些阳光？越是能够"看见"孩子，孩子会越容易往好的方向生长。

（3）关注孩子的优势：不指责、不命令、不说教

每个孩子都是独特的，他们不是完美的孩子，但都有自己的闪光点。父母要懂得发现孩子的长处，充分发挥"优势效应"的作用，让孩子散发自己的光芒。

> **小故事**
> 美国心理学家马丁·塞利格曼曾分享过这样一个故

> 事：有一次，他带着女儿到院子里拔草，5岁的女儿玩心比较重，于是一边拔草一边玩耍，塞利格曼看到后便数落起女儿的各种坏习惯。听完后，女儿说了一句话，这句话让塞利格曼像被一根棒子敲醒了一样，让他反思良多。他的女儿说："爸爸，你每天都让我改坏习惯，可就算我的坏习惯全部改掉了，那也只是一个没有缺点的小孩，但我也没有优点，你为什么不去看看我的长处呢？"

年龄比较小的孩子，喜欢在玩当中体验、探索，如果孩子能一直保持"玩中学"的学习热情，那么这就会成为孩子的"成长型优势"。他会有内在的自我驱动力想要向世界探索，与他人互动和学习。如果我们能看到这一点，塞利格曼或许可以和孩子说："嘿，我们来玩一个拔草的游戏，看谁拔的草最多！"

这样不指责、不命令、不说教，以孩子的方式回应孩子，会让我们更容易看到孩子的成长优势，更好地与他们相处。

这本书写到最后，我想以我生活中的小故事作为结尾。我女儿在3岁的时候，对使用剪刀十分痴迷。有一次，我给她打印了一些三段卡（一种蒙氏教具），她看到我正在剪卡片，也跃跃欲试。但是孩子毕竟小，剪的时候很容易一不小心就把图片剪坏了。

最开始，我有点烦躁，心里有一个小人跳出来说："好不容易打印好的卡片，全部剪坏了！孩子这样捣乱还不如我自己弄呢!"

但是我深吸了一口气,我的目的不是为了和孩子争吵,我们正是想要和孩子好好玩耍,不是吗?

如果我们能关注孩子的优势,看到她做事情的兴趣和能力,很多育儿的困惑就会迎刃而解。

于是,我在每一张卡片的外面加了一个黑色的边框,并给孩子示范如何在黑框的外面剪。当有了边界作为参考后,孩子剪起卡片好多了,她很专注和愉悦。

当孩子的兴趣、激情被我们"看到",我们就要想办法让他充分地发挥他自身的优势,从中找到自信。一切行为的改变,皆因为我们打开了孩子的"优势开关",他的能力与水平也会水涨船高。

平时多多认可孩子积极的行为,可以帮助孩子理解行为的作用。"谢谢你在生日派对后主动帮忙收拾,这让我省了好多工夫!"仅仅是这些简单的话,就可以让孩子成为一个更加知道感恩的人,他会在今后的成长路上"复制"自己成功的体验。而父母,就像是孩子心底里不谢的花,无论孩子多大,去到哪里,想起父母,他就会感觉到温暖和美好。

这大概就是3岁前,积极陪伴孩子的意义吧!

扫码关注【玫瑶老师】,回复关键词"前三年",加入全国图书共读会,一起吃透书中实用工具,和作者近距离接触。